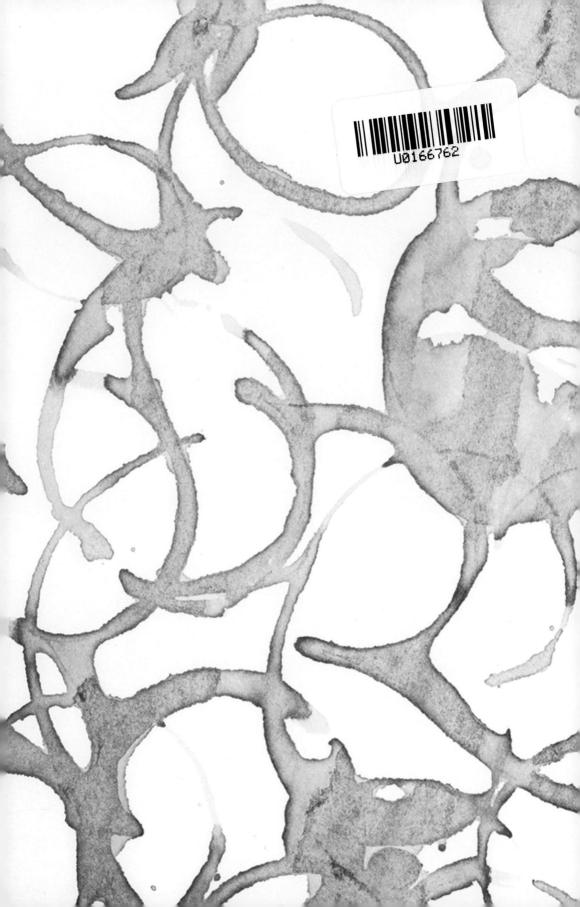

咖啡大叔严选 50间自家烘焙咖啡馆的美味配方

咖啡大叔（许吉东）著

江苏凤凰科学技术出版社

图书在版编目（CIP）数据

烘一杯好咖啡：咖啡大叔严选 50 间自家烘焙咖啡馆
的美味配方 / 咖啡大叔著 . -- 南京：江苏凤凰科学技术
出版社，2020.5

ISBN 978-7-5537-9790-8

Ⅰ . ①烘… Ⅱ . ①咖… Ⅲ . ①咖啡—配制 Ⅳ .
① TS273

中国版本图书馆 CIP 数据核字 (2018) 第 244821 号

烘一杯好咖啡
咖啡大叔严选50间自家烘焙咖啡馆的美味配方

著 者	咖啡大叔（许吉东）	
责任编辑	祝　萍	
助理编辑	洪　勇	
责任校对	杜秋宁	
责任监制	方　晨	

出版发行	江苏凤凰科学技术出版社
出版社地址	南京市湖南路 1 号 A 楼，邮编：210009
出版社网址	http://www.pspress.cn
印　刷	广州市新齐彩印刷有限公司

开　本	718 mm × 1000 mm　1/16
印　张	13.25
字　数	166 000
版　次	2020 年 5 月第 1 版
印　次	2020 年 5 月第 1 次印刷

标准书号	ISBN 978-7-5537-9790-8
定　价	68.00 元

图书如有印装质量问题，可随时向我社出版科调换。

作者序

你好，我是咖啡大叔

我抱着记录学习心得的想法，开始了网络博客的写作。几年下来，我也拜访了两百多家咖啡店，而且大多数是以自家烘焙咖啡为主。就这样，我以自烘店为主轴，再去了解其他关于咖啡生豆、咖啡机、咖啡周边器具，甚至是各种比赛、活动的信息。慢慢地，咖啡填满了我的生活。

聊天是我学习的工具。每个咖啡店老板都是一本书，从咖啡专业知识到经营理念，我能看得到的就仔细看，看不到的就用力问。将得到的信息咀嚼消化后，我将它们化为文字和照片，呈现在网站上。除了当作自己的心得记录外，我也希望与其他人分享这份对于咖啡的热爱。

有时候大家会问，你没有想过出书吗？我知道自己从小就不是会准时交作业的学生，而我这顶多只有"半桶水"的咖啡常识，又怎么能著书立说？这期间虽然也和几家出版社洽谈过，但因为对自己缺乏信心，出书的念头就这样被埋了两三年。

直到这次遇到出版社，被告知他们想要出版一本关于 50 间自家烘焙咖啡馆的书，问我有没有兴趣，我立刻回复："有有有！肯定是有的。"我告诉自己，是时候了。我已结了婚，也生了女儿，是该写本书，为自己这段咖啡旅程留下记录了。

50 间咖啡馆、50 位老板的人生经验、50 个烘焙概念、50 种冲煮手法，这本书不只是我一个人的经验和看法，更综合了大家的专业知识。谢谢这些好朋友对我的信任，愿意毫无保留地把这些知识与我分享，从而让我有机会分享给读者。

你好，我是咖啡大叔，请多指教。

推荐序

为咖啡"上瘾者"的旅途点亮一盏明灯

认识大叔几年来，我一直在怂恿他出书，他一概淡然地摇摇头，说自己怕累，又嫌麻烦。这会儿终于盼到了。一瞧，哟！他竟然选择了最辛苦的一条出书之路，花了数个月——走访台湾地区50间自家烘焙咖啡馆，除了了解创业历程，更直捣生豆库房，"拆解、曝光"咖啡人极私密的咖啡设备、烘焙手法、冲煮细节。除了大叔，应该也没有几个人能办到了。

身为拥有烘焙背景的咖啡人，大叔几乎所有时间都"流浪"在大小咖啡馆。他不藏私地分享，总是能为咖啡"上瘾者"的旅途点亮一盏明灯。想必这本书将成为年度咖啡环岛的"索引"。50家美好的咖啡馆，你打算花多久时间去品尝？

——《咖啡职人的爱与偏执》作者 谭聿芯（Ling）

学习精品咖啡的一扇门

我常建议学习咖啡的新手们不断学习3件事：①咖啡的专业知识；②咖啡的制作技巧；③咖啡的鉴赏品味。

无疑，品味是最难以学习与传授的，唯有通过亲身体验，才能了解其中的差异。从咖啡大叔笔下，可以了解每位经营者的用心。走一趟这些店，也可以感受到每家咖啡馆的独特。

——《Espresso咖啡圣经》作者 刘家维

享受存在的美好温度

很多人爱喝咖啡，也爱聊咖啡。然而，懂得感受和享受咖啡的人，其实并不多！

我喜欢咖啡，也爱和咖啡大叔聊咖啡、品咖啡。因为我们都喜欢咖啡教会我们的生活美学，那不是高不可攀的数据，而是一份真实存在的美好温度！

——美食旅游作家、电台节目主持人 温士凯（Danny Wen）

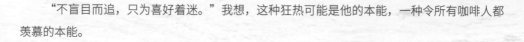

不盲目而追，只为喜好着迷

咖啡大叔俨然成了台湾咖啡信息的"GPS"，这是毋庸置疑的。

本身是烘豆师的咖啡大叔，其专业程度不在话下。他写的文章鞭辟入里，而业界的许多信息，他也总是第一手掌握。

"不盲目而追，只为喜好着迷。"我想，这种狂热可能是他的本能，一种令所有咖啡人都羡慕的本能。

——"咖啡王子" 张仲仑

书本散发咖啡香

最近我在网络书店寻找咖啡书籍时，无意间发现，几乎每本书都有咖啡大叔的评论。他是一个将细腻、用心放在咖啡领域的资深专家，有敏锐的味蕾及丰富的经验，书本仿佛悄悄散发着咖啡香。读咖啡大叔的书是一种生活享受，也让人迫不及待地准备寻访书里推荐的自家烘焙咖啡馆。

——旅游作家 肉鲁

不只是咖啡香

工业革命后，大家开始反思传统手工业的温度。咖啡烘豆师从幕后走进了咖啡馆，拉近了人与土地的距离。走进自家烘焙咖啡馆，啜饮一杯主人的"心血"，喝到的不只是咖啡香，而是浓厚的人情味。

——青田七六文化长 水瓶子

目录

part ① 城市喧嚣里的避风港

▼ 台北

part ② 似在城市又在乡村

▼ 新北

part 3 唾手可得的世外桃源

part ④ 新旧文化的交界线

迈向优质烘焙的第一步

自家烘焙咖啡风潮的兴起

短短 10 年的时间，咖啡生豆的使用量从每年
6000 吨，增加了两倍，达到 18000 吨之多。这表示，
台湾消费者的咖啡饮用量也增加了两倍，或许这要归
功于伯朗咖啡、星巴克、85℃，还有市场平价咖啡的普
及化，让咖啡逐渐成为台湾地区日常饮食的一部分。

除了总量的增加之外，品质方面的提升也是从业者们努力的目标。目前台湾提供
自家烘焙咖啡的店有 1000 家左右，大多数位于都会型城市，甚至出现了连锁经营的
模式。也因为这股自家烘焙风潮的兴起，使得烘焙咖啡豆成为咖啡馆开业的重要课题
之一。

为什么我们要自家烘焙

传统的大型烘豆工厂，动辄一用就是 60 千克或 100 千克级的烘焙机器，所使用
的咖啡生豆通常是平价的大宗商业豆，烘焙出的咖啡都成了罐装咖啡或早餐店的咖啡。
有时为求用量少、口感浓，在烘焙上都采用重深烘焙，或加入咖啡因含量高的罗布斯
塔种咖啡来烘焙的方式，造成消费者对咖啡的印象就是"又浓又苦"。

而自家烘焙咖啡在生豆的选择上，走的是庄园级精品路线，采取定制化、小量烘
焙的方式，优先考虑保留咖啡原本的产地特色。除了在品种上给消费者提供更多样的
选择，新鲜度更是无可挑剔。对于讲究咖啡品质的消费者来说，能够品尝到咖啡原有
的酸甜风味，是更好的选择。

烘豆师应具备的能力

要成为一位称职的咖啡豆烘焙师，至少应具备 4 种能力。

1. 生豆鉴别：以经验或仪器来判定生豆品质，挑除瑕疵豆。

2. 咖啡烘焙：熟悉机器功能，并能完全加以操控，可烘焙出品质稳定的咖啡豆。

3. 咖啡杯测：对烘焙完成的咖啡豆进行评价并描述其风味，找出此种烘焙方式

烘出的咖啡豆的优缺点。

4. 配方调制：调制出具有个人特色的综合性咖啡，符合营业需求。

优秀的烘豆师必须通过不断地烘焙与记录，才能克服在咖啡豆烘焙过程中遭遇的诸多变因；同时随着杯测样本数的累积，对来自不同产地咖啡豆的风味表现，达到更深入且全面的了解。如此，对于综合配方的调制就能够信手拈来，从而能将所要表现的风味准确地传达给消费者。

烘焙咖啡从这里开始

"1锅、2豆、3烘焙。"这句话指出了影响烘焙咖啡的要素。

锅，指的就是用来烘焙咖啡的器具。烘豆机的稳定度与可操控度，关系着风味的可复制性。也就是说，偶然的优质烘焙并不值得庆幸，好的味道必须能够被复制出来，并保持一定的水准。所以机器制造商在这方面下足了功夫，除了温度测量日益精确之外，随着科技的发展，近年来的新款烘豆机，甚至已经能够按照计算机所设定的程序来调整风量和火力，试图将人为操作造成的误差降至最低。

在烘焙机性能稳定且可操控的情况下，从生豆的品质就能预见其烘焙结果。生豆的粒径、含水量、质地软硬都会在烘焙过程中发生变化。新鲜的生豆经过高温烘焙之后，有着丰富的香气和独特的风味，存放时间过久或保存环境不当，都会造成咖啡豆风味流失，最后的成果肯定难以让人满意。

烘焙技巧被放在最后，是因为同款生豆即使在使用相同机器，并采取正确的烘焙方式的情况下，也会产生差异，这便是所谓的"个人风格"。最大的区别通常由烘焙的深浅度决定，烘焙的深浅度不同，可让咖啡的酸质、甜感、苦味、厚实感有所不同，所保留的风味与干净度也是形成"个人风格"的关键。

咖啡烘焙的原理与过程

　　我们必须先了解，生豆是咖啡浆果内的坚硬种子，除了粗纤维之外，还含有水分、绿原酸、蛋白质、生物碱、咖啡因、脂肪、糖类等物质。在高温烘焙时，上述物质会发生美拉德反应、斯特雷克降解等化学变化，从而产生咖啡单宁酸、芳香酯、醇类等影响咖啡风味的物质。

　　所以，烘焙咖啡豆这件事，我们可以将它理解为咖啡豆在受到控制的情况下温度上升的过程。因此，烘焙时温度的高低与升温快慢，是烘焙出的咖啡豆有风味差异的主要原因。

　　在实际的烘焙过程中，我们可以观察到生豆颜色的变化。咖啡豆会从原本含水量高时的青绿色，经过高温烘焙，脱去大部分的水分后，转为略白的黄色。随着温度继续上升，豆子逐渐泛黄，当到达产生美拉德反应的温度时，豆子表面变为明显的褐色，并逐渐加深。若持续升温，会出现碳化现象，咖啡豆变成深黑色，表面还带着油脂的亮感；若不停止加热，最后甚至会起火。

　　除了颜色上的变化，咖啡豆的体积也会出现不同程度的改变，除了小幅度的受热膨胀之外，会在不同温度下发生两次爆裂，体积大概增加 60%。在发生膨胀的同时，由于失去水分和银皮脱落，咖啡豆的总重量也会减少；随着烘焙度由浅到深，咖啡豆会减少 12% ～ 22% 的重量。

　　除了烘焙温度高低和时间长短之外，我们还可以根据外观颜色、体积变化及失重率，初步判断出咖啡豆的烘焙程度。另外，也可以通过 Agtron 焦糖化光谱分析仪来检测，精确地得到咖啡豆的烘焙度。

了解咖啡烘焙机的设计原理

以台湾制造的烘豆机为例。在烘焙过程中，能够控制的功能有燃气火力、排气阀门、锅炉（烘焙鼓）转速；提供的温度观察数值有炉内豆温、出风口温度两项，并有观豆窗和取样棒，以供判断咖啡豆的外观和气味。

不停旋转的锅炉是为了让生豆能够均匀受热，锅炉内良好的挡板设计可让搅动更加均匀。当转动缓慢时，生豆与锅炉接触的时间长；快速转动时，生豆停留在热风中的时间长，这两者会对风味产生影响。但是对于大部分德国、日本、美国制造的烘豆机来说，锅炉转速是无法调整的。

除了火力之外，燃气喷嘴与锅炉之间的距离，即火距，也是机器设计时的一大难题。日系品牌烘豆机的设计者们常用的处理方式为增加燃气喷嘴数目，从而把火距拉远，其实这考虑的也是均匀受热的问题。台湾制造的新款机器，则是把燃气喷嘴改为三排双开关的设计，视烘焙量的多寡来点火，以增加操作的灵活度。

点火加热，热能通过传导、对流、辐射等方式，对咖啡豆进行加热。

除了有以对流热为主的全热风式机器之外，我们常听到的还有半热风和直火式这两种机器。简单来说，直火式烘豆机的烘焙锅壁是有孔的，能让辐射热直接作用于生豆；这种机器还可以加装远红外线套件，让辐射热达到最大效用。

半热风式机器主要利用传导热与对流热。当火力固定时，排气阀门是影响对流热的主要因素。

咖啡烘焙机的实际操作步骤

启动机器，点燃火源，待锅炉温度升高到一定程度后，将咖啡生豆投入。

此时室温状态下的生豆会跟烧热的锅炉产生热交换，从仪表上可以观察到锅炉温度在下降。随着生豆数量的增加，热交换的时间也会增加。到生豆吸热完全后，锅炉温度开始上升，我们通常称之为"回温点"或"反弹点"。

投入生豆前，机器关火与否视每个人的烘焙习惯而定，但是要注意这会影响到"回温点"的高低。

"回温点"之后，温度会上升较快，但随着豆色泛黄、水分减少，温度上升会逐渐趋于缓和而稳定。此时若用取样棒取出豆子，可以很明显地闻到其味道的变化，为从水分蒸发的青草涩味到类似烤面包或地瓜的香气。这时银皮也会逐渐脱落，可以适度打开排气阀门，吹出银皮。在第一次爆裂之前，温度上升趋缓，生豆会从热风中吸取大量的热量，准备迎接爆裂。

爆裂声从零星几声开始到逐渐密集，温度上升加快，烟气大量排出，这时需调整排气阀门，让它适当排气。需注意的是，过量排气会导致对流热过强，从而造成咖啡豆的风味变差。

持续加热，第一次爆裂声响暂歇之后，咖啡豆会酝酿第二次爆裂，两者的温度相差约25℃。第二次爆裂时，烟雾增多，咖啡豆逐渐转为深褐色，并略微出现焦香气味。

下豆前，应启动冷却盘风扇并搅拌，使咖啡豆在最短的时间内降温，以保持良好风味。

如何才能达到稳定的烘焙

如何达到稳定的烘焙，复制出最完美的味道，是每一位烘豆师需要面对的最大课题。

1. 根据生豆的粒径、含水量、质地，事先制订烘焙计划，并详实记录烘焙过程中的各项数据，作为参考校正的依据。

2. 以固定的"回温点"为基准，让升温曲线保持一致，避免无谓的火力调整与修正。

3. 做好烘豆机的保养与清洁，包括集尘桶及排气管道，让烘焙条件保持一致。

4. 谨慎选择烘豆机的摆放位置，让环境造成的影响因素降至最低；并且每批次的烘焙锅数都控制在一定范围内，避免过少或过多。

以上是我个人对于咖啡豆烘焙的理念与建议，或许无法套用在每种机器或生豆上，但也正因为如此，烘焙咖啡豆才成了一项有趣且具有挑战性的工作。追求完美的极致风味，是烘豆师们永远无法停止追求的目标。

独家专访：

与极浅烘焙精品咖啡的第一次接触

大约在 10 年前，我在友人的带领下，来到某家很隐秘的自烘店，初次接触到极浅烘焙咖啡的风味。在被花果酸香震慑的同时，也认识到小批次精品咖啡的无限可能。这位很有自己想法的老板不是很喜欢接受采访，但他对于自家烘焙咖啡领域的影响是不可磨灭的。我想把他的一些理念介绍给大家。

与产地建立直接贸易关系

烘豆师不是魔术师，"无中生有"的奇迹不会发生在咖啡烘焙上，生豆本身已经决定了最后的风味。高品质的咖啡生豆像是精准的音符，由烘豆师挥舞着极浅烘焙这根"指挥棒"，演绎出风与火的"协奏曲"，向世人展现出绝佳的产区特色。

这家自烘店的老板从世界各咖啡产地进口生豆，希望能够获得当季采收，且风味与品质均符合需求的产品。"传统的生豆贸易商，会产生仓储囤货的成本，而这个成本势必会转嫁到消费者身上。"最理想的模式，就是和产地建立起直接的贸易关系。咖啡小农或合作社、处理厂在咖啡采收完成并进行制作处理后，直接把咖啡生豆运送到烘焙者手上，再转变成烘好的咖啡豆，或是杯状的成品咖啡，供消费者选择。

但在资金有限的情况下，他只能通过中间人来处理相关事务。中间人把来自各庄园、合作社、处理厂的不同生豆样品先寄过来，经过烘焙杯测后，再决定当季采购的标的物。靠着多年的合作经验，他经常能购得风味特殊的小批次生豆，市场的反应也非常强烈。

真空保存是目前大多数人认为保存生豆的最佳方式，数年来，他采用的也是这种处理方式。但后来他发现，因为真空袋内外的压力差，会导致生豆本身的水分向外渗出，造成细微的影响。所以目前他改用了氮气填充的方式，在抽出空气的同时，把氮气打入保存生豆的铝箔包装内，防止生豆衰败。

目前他采购的生豆主要来自非洲的埃塞俄比亚、坦桑尼亚、肯尼亚、卢旺达、布隆迪，中美洲的墨西哥、萨尔瓦多、洪都拉斯、危地马拉、哥斯达黎加、巴拿马、尼加拉瓜，以及南美洲的哥伦比亚、巴西。

1 2

1 烘焙完成的咖啡豆，先在玻
璃罐内历经熟成发展，然后
被装袋售卖。包装袋上会标
注烘焙日期、保质期（通常
是 14 天），透明而公开，
让消费者对手中的咖啡豆不
会产生怀疑。

2 新鲜，是咖啡的生命。这一
点对生豆、熟豆来说，都是
相同的。

跨越非洲、中美洲及亚洲的平衡风味

"传统的意式配方概念，讲求的是平衡。认为要跨洲，就是
把非洲、中美洲、亚洲等不同产地的咖啡豆放在一块儿。"他认
为这样产生的平衡感，是地理上的平衡，可把因风土环境造成的
差异综合起来。这样的理念虽然不错，但他喜欢的组成方式是先
找出一种自己最爱的咖啡豆，用它来做风味主轴，所占比例最高，
其他的只是搭配，不能过于突兀。这样的平衡在于风味上。

烘焙的风味由咖啡豆一爆初就下豆的 Hachira、Lycello、
Perci Red，再加上一爆密集的日晒乌干达咖啡豆构成，后者主要
负责融合前三者的味道和提供质地上的黏稠感。其中堪称 90+ 招
牌产品的埃塞俄比亚 Hachira，扮演着风味主轴的角色，呈现出
温和的花香与水果般的酸甜；属于巴拿马瑰夏种的 Lycello，负责
增加亮度，同时提供葡萄柚般的酸质；同为瑰夏种的 Perci Red
则是日晒处理风味的代表，熟果般的酸甜感正是来源于此。

将综合配方内的 4 种咖啡豆首先分开烘焙，烘焙完成后再混
合；混合的方式很特别，是以一份浓缩咖啡的使用量为基准进行
用秤计量和小包封装。其目的是要确保每次冲煮浓缩咖啡的时候，
每种咖啡豆所占的比例都一样。养豆期约为 10 天，之后就可以

拿来使用。

极浅烘焙的成功秘诀

从二十多年前的深烘焙转变成如今的极浅烘焙，其实他并没有排斥深烘焙，只是想要让咖啡展现出不同风貌。尤其是质地绝佳的生豆，特别适合用极浅烘焙来表现，这和烹煎牛排是一样的道理。

"极浅烘焙的关键，在于表里要一致。"有时豆子里面没有熟，外熟内生，这样的生涩味造成一般人对浅烘焙有着普遍的坏印象。当然，我们可以通过焦糖化检测仪这类的昂贵机器，来判断咖啡豆内外烘焙程度的差异。但是在没有仪器的情况下，只能通过味道来鉴别。要详实地记录烘焙过程中的每个数据，如果喝到的咖啡风味上有瑕疵，就回过头来修正它。

同时他认为，极浅烘焙需要搭配快烘，即用较短的烘焙时间留住风味，最理想的烘焙时间是每锅不超过 12 分钟。由于用时较短，常会伴随烘不透的情况，所以可以用较强的火力，在缩短时间的同时，兼顾到热能的穿透性。火力强烈时，如果不想让咖啡豆的表面被烤焦的话，空气的流动性就必须良好；因为在热对流交换较快的时候，温度会缓缓上升。

1 Synesso 意式咖啡机的强大之处在于恒温控制。

2 爆炸性的花果香甜在嘴里绽放，极浅烘焙浓缩咖啡的世界非常迷人。

3 极浅烘焙的咖啡豆，膨胀度低、质地坚硬，在研磨的时候就能感觉到。

4 西班牙老师傅打造的经典款式——5 千克级咖啡豆烘焙机。热源来自烘焙鼓的中右方，是其最大的特点。

1   2   3
        4

咖啡生豆的质地、含水量和粒径，都会影响烘焙。所以他会去调整每一段进程的升温速率，以配合不同生豆的特性。尤其是在烘焙日晒豆时，会有较多使温度快速上升的操作。

极浅烘焙咖啡冲泡法①：浓缩萃取

在萃取浓缩咖啡的时候，是采用滤杯分离的方式，将事先已经分装好的咖啡豆倒进磨豆机内，研磨后直接用滤杯盛接，再以针状器具绕圈搅匀粉体，最后放在桌面上做填压的动作。每份浓缩咖啡使用的咖啡粉量为20克，萃取时用秤计量，将咖啡杯直接放在秤上，萃取出液重为21克的浓缩咖啡。

在萃取时，可用无底把手来观察浓缩咖啡的萃取情况，"我会去观察3个不同的时间点：第一滴液体流出来的时间、周围流出的液体因为重力而汇集的时间、最后萃取完成的时间。"根据经验，流出第一滴液体的时间在5～6秒最佳，而汇流的时间则是越快越好。这反映了咖啡豆的熟成发展是否足够，以及填粉时有没有被压匀。为把影响降到最低，除了10天的养豆期之外，在填压前要用针状器具来搅拌粉体。最后一个是萃取所需的总时间，以喝到的味道为标准，把每一批次综合配方豆的最佳萃取时间都找出来。

1 用 Mazzer Robur 锥刀式磨豆机研磨，一次只倒入一杯量的咖啡豆。

2 用软针在粉体内绕圈，让粉末分布均匀。

3 在桌面上进行填压。

4 将填压完成的滤杯放回冲煮把手内，扣上机器后开始萃取，杯子下方是电子秤。

1 2
3 4

极浅烘焙咖啡冲泡法②：虹吸式萃取

"我认为，虹吸式萃取的温度是可以控制的。"

他觉得，如果感到虹吸式萃取的咖啡过于浓郁厚重，通常是萃取温度过高造成的。要解决这个问题，秘诀在于插入上壶的时机。先在下壶倒入所需水量，以酒精灯加热的同时，可以用温度计作为辅助，当到达设定的温度时，就将上壶插入，而不是任由下壶的冷水被煮到沸腾冒泡，这样往往会过热。

原本在下壶内的水，因空气受热膨胀后产生了压力，会逐渐地被推到上壶。这时，可以利用火力强弱或是热源距离的远近，来控制热水上升的速度。他建议热水上升的时间为 50 秒左右，这时水位会抵达滤布上方约 1 厘米的地方，而热水温度则会由原本的 80℃升高到 85℃。

这是倒入咖啡粉的时间点，粉水比例约为 1∶12，通常使用 14 克咖啡粉、170 毫升水。热水会持续不断地上升，等水位完全上升到上壶的最高处，用时约 1 分钟，此时上壶的温度又增加了 3～4℃。接着轻柔地搅拌，带动水流，让热水均匀地和咖啡粉接触。

这样的冲煮手法主要是针对极浅烘焙咖啡，利用较低的萃取温度和轻柔的搅拌来强调酸度。通常在出杯之前，会取出少量来试饮风味，在确定无误后才会出给客人。

爱上咖啡，无须掌声

　　对于想要像他一样投身自家烘焙咖啡的朋友，这位老板说："其实我没有什么建议。很多人都说喜欢咖啡，但在我看来，对于咖啡只有喜欢是不够的，要非常热爱，爱到胜过一切才行！"同时他觉得，爱上咖啡的快乐，跟别人的掌声是没有关系的。就像爱迪生发明灯泡，虽历经了无数次失败，但当手中那颗灯泡亮起来的时候，虽然只有他一个人看到了，但那种快乐是无法言喻的。

1　用虹吸壶冲煮出来的极浅烘焙咖啡，表面泛着一层油花，是风味与口感的来源。

2　加热下壶时，利用温度计观测温度。

3　通过移动热源的方式来控制热水上升的速度。

4　使用较宽口径的上壶，使咖啡粉层的分布面积较广，同时比较薄。

5　轻柔地搅拌，带动水流，让热水均匀地和咖啡粉接触。

6　用湿布冷却下壶，让咖啡液快速回降。

```
    | 2 3 4
1   | 5 6
```

独家专访:

深入 Cafe Lulu，一探烘豆工场的面貌

[任性本店] 台中市北区五常街 217 号　　(04) 2206-6866

[大墩分店] 台中市西区大墩十街 70 号　　(04) 2328-9288

[烘豆工场] 台中市北区东成三街 420 号　[备注] 未开放参观

林凡宇，被同行们称为林总裁，现和妻子魏汝瑛共同经营 Cafe Lulu 咖啡店，主要负责咖啡豆的烘焙。近年来，他除了积极开发新款烘豆机之外，还引进了国际知名品牌 Loring 的全热风式咖啡烘焙机，同时也涉足生豆进口的业务。

谈到引进 Loring 的原因，林凡宇说：“在开发黑焰烘豆机的过程中，我们重视的是热流，但是在直火式烘豆机中，'燥气'这个问题一直没有办法解决，而像 Loring 这样的全封闭式设计，应该可以解决。”2014 年 2 月，他前往日本大阪，拜访亚洲区代理 DCS 公司，原本要购入 35 千克级的机器，但刚好遇上 Loring S15 的新品发布，正符合他的需求。这台机器目前的售价大约是 8 万美元，加上进口关税、营业税、安装费用和辅助设备等，共需要 60 多万元人民币。

“它把燃烧器和后燃机整合在一起，使用起来很省燃气。”林凡宇在为我们解释这台机器的功能时谈到，通过触控式面板和空压系统来操作的 Loring S15 全热风式烘豆机，水压、气压、燃气都要符合系统标准才可以启动，而后燃机、进气、二次循环气等的温度数据都可以被记录下来，就连下豆闸门都可以通过操作面板来开启。

提起使用上的优点，他表示：“这台机器可以做到的，就是可以记录下你的烘焙曲线，然后再帮你完整重现。”在烘焙过程中也可以修正升温参数，系统会自动配置火力的大小。

最值得关注的是进、排气系统，它分为第一次进气和第二次进气。所谓第一次进气，就是抽取外面的冷空气，将其加热后进入烘焙鼓内；第二次进气（回收气）则是将烘焙鼓内的排烟用后燃机燃烧掉烟尘后，和第一次进气的热空气混合，一起进到烘焙鼓内。通过可改变转速的循环风扇来控制进入烘焙鼓内的热风效能，同时排出多余的热气。这样的无烟系统，让烘焙过程几乎不会有烟雾产生，非常节能环保。

“黑焰”咖啡烘焙机

原本从事机器相关工作的林凡宇，对机器加工、热原理调整，非常有自己的想法。6 年前，他与机器厂商共同开发咖啡烘焙机，并将其命名为“黑焰”。谈到这款直火式烘豆机的设计理念，他说：“其实我们要做的是'热流'，因为我觉得咖啡豆的烘焙就是热流管理，首先要考

1	2	3
		4

5 6 7

1　Loring Smart Roast 是来自美国的全热风式烘豆机，依照烘焙量大小分为 15 千克、35 千克、70 千克的等级，以工业级的控制规格，被不少知名烘焙工场采用，但它在中国台湾却非常少见，或许是因为没有正式代理商的缘故。

2　Loring S15 中需要接触高温的部件，都是采用 316 耐热、抗锈、耐蚀的不锈钢制作而成。

3　通过触控式面板来操作，可以设定和记录烘焙过程的每个步骤，为使用者设想得非常周到。

4　控制面板下方是工业级计算机设备。

5　加热、燃烧、集尘桶、空气压力等部件都在机器后方。

6　"狮子心、鲔鱼胆"的林总裁。

7　"黑焰"Black Flame 3 千克级直火式烘豆机，烘焙鼓采用的是相对稳定的直驱电动机。

虑的是环境温度的问题。空气进来，被燃烧后再流出去，通过对空气流量的控制，就可以知道加热这个产品时的热能调整。"他还认为，要摒除对于咖啡烘焙的过多幻想，整个烘焙过程其实就是热量的转换过程。

选择将其设定为直火式的原因，林凡宇说这跟风味有关系："简单来讲，我喜欢烤肉，直火烘焙就像烤肉一样，会有比较丰富奔放的味道。"他觉得，直火烘焙能有效地强调前段的风味，做出甜度，让消费者能清楚地感受到这样的风味。但要特别注意的是，直火烘焙的咖啡豆需要较长时间获得熟成发展。他表示，接下来还会再开发出 3～5 千克级的新款全自动热风式烘豆机，相当令人期待。

从国外引进咖啡种子

原本是在机械行业上班的林凡宇接触咖啡烘焙的原因，是由于妻子魏汝瑛在经营咖啡店时，向他抱怨咖啡豆的来源品质不稳定，因而他才起了自家烘焙的念头。"把车开到厂商门口，大概只花了 30 分钟吧，就把烘豆机买回来了！"总裁般的豪迈，总是和我们不一样。他要兼顾工作与烘豆，几乎每天只有 6 个小时睡觉的时间是空闲的。直到 2010 年，他才全身心投入咖啡事业。

"黑焰"咖啡烘焙机即将上市。在解决了生产设备这个问题

1 剪开铅封，打开货柜舱门的速度非常缓慢，以防止袋装的咖啡豆倾落而下。

2 将袋装的咖啡豆堆叠在栈板上，推进恒温仓库内存放。

1 2

1 来自巴拿马 Finca Santa Teresa 庄园的咖啡生豆，黑色聚丙烯材质的包装袋取代了传统的麻布袋。

2 真空包装的哥伦比亚咖啡生豆，品质深得同行的肯定。

1 2

后，林凡宇接着要思考的，就是原材料的来源问题。他希望通过贸易商，从产地直接进口所需要的咖啡生豆，这样咖啡豆在品质、数量和市场竞争性等各方面都可以达到稳定。他最早锁定的目标产地是玻利维亚。但在第二年要进货的时候，贸易商却不愿意再帮忙代办，他只好转为自行进口，但数量却由第一年的 40 袋，增加到了 160 袋。"我们发现玻利维亚在咖啡豆的精致度上表现优异，想用它来取代巴西咖啡。"玻利维亚咖啡在市场上算是相对冷门的品种，但林凡宇赋予了它新的定位。

来自苏门答腊瓦哈纳庄园的日晒处理咖啡生豆更是震撼了咖啡业界。回想当时，他说："先进了 20 袋小试身手，其实也是因为手上没什么钱。没想到市场反应很热烈，几乎是被秒杀！"由于当时大家几乎没有品尝过日晒曼特宁咖啡，因此很快被瓦哈纳咖啡的草莓甜香气征服。林凡宇顺势再进口了 120 袋瓦哈纳日晒豆。

现其咖啡店的月营业额已达 60 万元人民币以上，林凡宇对于生豆的采购也扩展到了哥伦比亚、巴拿马、印度等产地。采访当天，刚好遇到货柜要下货，来自巴拿马 Finca Santa Teresa 庄园的生豆大约有 200 袋，包括日晒、水洗、蜜处理以及瑰夏种等不同品种。

恒温仓库的温度设定在 18～20℃，避免因为高温造成咖啡生豆发生变质劣化，目前最大的储存量在 1200 袋左右。生豆分为自行进口与从贸易商处外购的两部分，自行进口的主要来自哥伦比亚、玻利维亚、尼加拉瓜、巴拿马、哥斯达黎加，以及埃塞俄比亚。

值得一提的是，林凡宇已经在着手从国外引进瑰夏、帕卡马拉（Pacamara）等品种的咖啡种子，在台中达观部落比度庄园培育树苗，目的是降低咖啡农们获取优良种苗的难度。

1 烘豆工场未来会作为美国精品咖啡协会（SCAA）的认证教室，并依照咖啡大师比赛的设定来配置。

1

个性鲜明、令人惊艳的味道

以"台浓"系列命名的综合配方豆，由前、中、后三段概念构成，强调的是一般消费者容易接受的坚果、巧克力风味，由后段表现最强烈的"台浓一号"，逐渐变成强调前段花香调、莓果味的"台浓四号"。

"台浓四号"包括负责前段香气的日晒耶加雪啡、日晒西达摩，中段则用蜜处理系列来表现出甜感与厚实质地，另外用水洗玻利维亚或哥伦比亚等高海拔咖啡豆架构出甜度与厚度，但会依照当季生豆的品质做出调整。烘焙完成后再做混合，烘焙程度大约为二爆之前（Agtron 68 ～ 76）。林凡宇觉得，在分开烘焙的条件之下，可以决定特定风味出现的位置。依照他的经验，消费者通常喜欢个性鲜明、令人惊艳的味道，四平八稳的配方反而易被冷落。

要烘出好喝的咖啡，林凡宇认为基本上要从原材料的管理着手，"如果没有一个良好的储存环境来确保咖啡生豆的新鲜度，则怎么烘都不会好。"在拥有良好品质的咖啡生豆之后，通过系统化的烘焙，就能够表现出咖啡原本的美好风味。

part2

城市喧嚣里的
避风港

台北

Fika Fika Cafe	"我们烘焙咖啡豆时很严谨，程序也很繁复，通常一个小时只能烘一炉。"
GABEE.	"看你想表达什么，想让消费者感受到什么，不单单是香气、口感，甚至还有温度变化对风味的影响。"
Simple Kaffa	"这样的方式不见得最好，但是最稳定，而且可以不加修饰地展现出咖啡豆的各个方面。"
Vetti 维堤咖啡	"良好的对流热会让咖啡豆在中烘焙时呈现焦糖甜感，在深烘焙时表现出优雅的巧克力余韵。"
Phoenix Coffee & Tea	"我想要做出有酸味、有层次感，且比较大众化的风味。"
卡瓦利咖啡	"烘焙记录一定要做，不管你有没有 10 年的经验。"
拾米屋	"咖啡烘得好的人会不断出现，所以自己的定位要更精准，技术要更精进。"
德布咖啡台北店	"如果真的喜欢咖啡，那就着手进行吧！"
Single Origin espresso & roast	"想要表现出什么味道，在烘焙的时候就要先决定好。"
沛洛瑟珈琲店	"烘焙手法越简单越好，像火力和风门，调得越多，不稳定因素就越多。"
炉锅咖啡	"我不会想保有全部特色。只要烘熟，能体现出产区特色就好。"
丑小鸭咖啡	"咖啡终究是要给人喝的，所以还是要通过杯测来整理分类，或是直接煮上一把就会知道。"
旅沐豆行	"想要开店，就要喜欢跟客人互动，把自己对味道的想法传达出去。"
黑铁咖啡	"烘豆师不是魔术师，原本没有的味道怎么变得出来？"
咖啡玛榭忠孝店	"每个产地都有特殊的风味，先把优点抓出来，再把缺点掩盖掉。"
COFFEE: STAND UP	"我大部分时间都在门口挑豆，把有瑕疵的咖啡豆一颗一颗找出来。"
Uni Café	"烘焙就是要处理好自己与咖啡豆，还有跟客人之间的'三角关系'。"
Café Sole 日出印象咖啡馆	"我建议想开咖啡店的朋友，不要花太多钱，也不要用最好的设备。"
山田珈琲店	"经营者要思考的部分，是做出客人与自己都喜爱的味道。"

Fika Fika Cafe 成就来源于分享

☕ 台北市中山区伊通街 33 号　　☎ （02）2507-0633

　　他和妻子是世新大学的同班同学，因为咖啡而认识，也携手在咖啡路上前进。在大三时，他就已经从美国 Sweet Maria's 网站购买精品生豆，看 Kenneth Davids 的咖啡烘焙英文书了。陈志煌说："第一次喝到的时候很惊奇，觉得怎么会有这样的味道！"接着他就靠着跟家人借来的 8 万多元人民币资金，开始了一生的咖啡事业。

　　他将网站取名为"煌鼎咖啡生活馆"，通过网站来销售咖啡生豆，为来自不同产地、庄园的每一款咖啡生豆，写下烘焙建议、风味特色。10 多年前的那一波自家烘焙咖啡浪潮，陈志煌着实推了很大一把。在盈利状况不错的势头下，他陆续添购了大型烘豆设备，"出现问题没有人可以问，也没有书可以看。"他觉得在没有搞定一切之前，自己并没有开实体店的计划。

陈志煌，44 岁，摩羯座

读大学时创立煌鼎咖啡网站，销售精品咖啡生豆，带起自家烘焙风潮。2008 年以"屋顶上的烘焙手"为名在网络博客上分享咖啡心得，再次引起业界讨论。2013 年开设"Fika Fika Cafe"实体店，同年远赴挪威参加北欧杯咖啡烘焙比赛，获得冠军殊荣。

因为网络世界的言辞交锋而关闭网站，转为经营老客户的生意，陈志煌沉潜了数年的时间。2008 年，他通过网络博客"屋顶上的烘焙手"和大家分享心得。"研究久了，有很多东西塞在脑袋里，就想要分享出来。"他因此常被笑称是"研究单位"，确实他就是这样默默地专注于烘焙研究的。

2013 年前往挪威奥斯陆，参加北欧杯咖啡烘焙大赛并获得冠军，陈志煌再次证明自己依然站在浪潮的最前端。问起为何要远赴万里参赛，他说："咖啡烘焙的书籍很粗浅，关键的东西都没人讲，就像是意大利的烘豆厂一样，每一家都有自己的独门秘方。相较之下，北欧很公开，不论是咖啡的配方比例还是烘、冲、煮参数，都乐于分享，使北欧五国的水准一直都在提升。"目前，他使用的机器是 San Francisco SF25 半热风式烘豆机。

从网络销售转到开设实体店面，陈志煌认为："本来只要接电话，现在要直接面对客人。"所以当消费者选择单品咖啡的时候，他都会主动询问其是否满意，有 90% 的客人都喜欢这样的北欧风味。

"波斯太阳神"的动态配方

名为"Mitra"的配方，原意为"波斯太阳神"。陈志煌表示："这是个动态配方，组成的咖啡豆品种会改变，但调性仍然保持一致。是一种像阳光一样温暖、明亮爽朗的风味。"这次的配方主要是用巴西、水洗哥斯达黎加、日晒耶加雪啡等咖啡豆混合后烘焙，约在一爆结束时下豆，Agtron 值是 62 ～ 72，总时间为 12 分 30 秒左右。

在设计这款配方的时候，陈志煌希望其整体风味是平衡而圆润的，彼此衔接，不会有特别突出的单一味道，而且要有咖啡豆本身天然成熟的甜味，而不是只靠焦糖化的甜感。"虽然是浅烘焙，但不要它酸，要甜！"这样的甜味就算是加入牛奶后，也不会被盖掉。

另外一款"E68"配方则是走"烟熏味"的深烘焙路线，综合了巴西、水洗耶加雪啡、肯尼亚、伊斯肯达庄园曼特宁、哥斯达黎加等咖啡豆，烘焙到二爆初期，用仪器测量 Agtron 值为48 ～ 52 。"店里的冰沙、黑糖拿铁就是用这个配方来制作的。这样的风味，年纪大的客人大多会满意。"

采取混合烘焙的主要原因，从风味来看，会比较圆润且协调平衡。如果要强调某个味道，让咖啡豆表现出层次感的时候，才会分开烘焙。

北欧杯咖啡烘焙冠军的独门手法

获得北欧杯咖啡烘焙大赛冠军的陈志煌，总是不吝与大家分享他的经验，"我们烘焙咖啡豆时很严谨，程序也很繁复，通常一个小时只能烘一炉。"他会在每一炉咖啡豆下锅冷却后，马上测量 Agtron 值、失重比。接下来进行试煮，将咖啡豆细细研磨后，用聪明滤杯和 95℃ 热水萃取，看其味道上有没有缺点；并且用意式咖啡机做不填压冲煮（Filter Shot）。通过这些方法来检查风味，如果得到的结果不满意，就在下一炉做出修正。

"我会把两样东西最大化，即香气和甜味。"陈志煌表示，要做到这些，必须使用品质精良的生豆，比起口感、厚度，他更在意的是怎么表现出那种在最红时被采收下来的咖啡浆果本身的甜感。通常他会使用较大的风门与火力来进行烘焙，并在快接近一爆之前将火力转小，这样的手法被他称之为"北欧烘焙"。

与烘豆理念相呼应的加压冲煮法

使用爱乐压（AeroPress）冲煮单品咖啡，需配合咖啡烘焙度来调整粉量。使用 14～16 克咖啡粉，倒入 210 毫升热水，水温控制在 93～95℃。浅烘焙的粉量会较多，水温比较高。略微搅拌后，扣上压筒，并稍微回拉，静置 1 分钟后开始下压，让咖啡液萃出。下压时间为 12～18 秒，要视强调的香气或口感而定。可取 10 毫升咖啡液冰镇，让客人能同时品尝到咖啡在冰或热的状态下不同的口感与风味。

1
2　3
　　4

1　陈志煌认为，La Marzocco Strada 意式咖啡机跟他的烘焙理论一样，让咖啡师通过变压冲煮的方式，完全掌握前、中、后段的风味，视需求呈现出或沉厚、或明亮的口感。

2　单品咖啡会用一热一冰的方式呈现，让客人品尝到温度不同时咖啡的风味变化。

3　爱乐压（AeroPress）也适合喜欢自己在家冲泡咖啡的人。

4　浓缩咖啡以 17 克咖啡粉分流萃取各 30 毫升，水温控制在 94.5℃ 左右。

GABEE. 咖啡，一趟精彩的旅程

☕ 台北市松山区民生东路三段 113 巷 21 号　　📞 (02) 2713-8772

林东源回忆起参加世界咖啡大师比赛的时候："当时没有咖啡烘焙的经验，为了准备比赛用的配方豆，费了很大功夫与烘豆师沟通。"赛后，他觉得自己应该进入到下一个阶段，了解更多咖啡产业链里的环节，所以就前往德国接受烘焙大厂的教育训练。为了能早日让自家烘焙的咖啡豆在店内使用，虽然在打烊后已经很累，但是他还是会练习烘豆，经常到半夜两三点才真正休息。"学会烘焙原理后，所有的烘焙曲线及操作细节还是要靠自己来完成。"

GABEE. 店内所提供的单品咖啡可以跟一般的店家不同，并不用产地国或庄园来分类，而是以 3 种主要的处理法（日晒、水洗、蜜处理）来让客人选择。我觉得非常有趣，问他为什么要这样做，他说："这样对咖啡豆的库存量比较好控制，不必担心新鲜度，让客人有更好的体验。"同时，林东源也认为："咖啡豆是农产品，每年都会有差异，要随着物料状况和市场接受度来做调整。"他觉得，咖啡师要有自己的想法，才能打破制约，走出自己的风格。

开店十几年，足迹踏遍五大洲。林东源不以开设分店为重心，反而着重于以教学辅导和异业联盟的方式，来散布自己的理念与影响力。"就算 GABEE. 拿过 5 次冠军，还是有很多消费者不认识我们。通过品牌合作可以快速地提升它的认知度。"他辅导合作过的品牌太多，无法为大家细数。其中

林东源，44 岁，处女座

从 21 年前他进入咖啡业界开始，工作 7 年后才拥有属于自己的咖啡店"GABEE."，并且在 2004、2006 年两度获得台湾咖啡大师比赛冠军。曾前往德国接受 Probat 烘豆机教育训练，还担任多项咖啡比赛的评审，著有《Latte Art 咖啡拉花》《冠军创意咖啡》等书，同时也是台湾《Coffee t&i》杂志创办人。近年来，除了从事咖啡教学，还与 StayReal Cafe by GABEE.、FAB Cafe 等品牌结盟合作。

以与五月天乐队阿信合作的 StayReal Cafe by GABEE. 最为耳熟能详，目前在台北、台中、上海各有门店。

随着咖啡浪潮兴起，林东源近年来除了担任各项比赛的评审工作，或是进行咖啡杂志的采访取材，也提供咖啡拉花与意式咖啡的培训课程，俨然是台湾咖啡文化代言人的角色。在开拓市场的策略上，GABEE. 选择与南京"喜神四季工坊"合作。"喜神四季工坊"是一家有着德国 Probat 120 千克级电子自动化烘豆机的大型工厂，透过复制烘焙曲线，让咖啡的风味能在千里之外重现。同时，这也解决了 QS 食品安全认证、工厂登记许可等相关法规问题。

林东源认为，GABEE. 是个年轻的品牌，还需不断地跟随着市场进步，他希望能在未来 10 年奠定永续发展的基础。对于咖啡，我们应该从整体的角度来看，咖啡是文化，是生活，也是体验人生的出发点与媒介。

用聪明滤杯保留原汁原味

身兼烘豆师工作的林东源认为，聪明滤杯是个很接近杯测（Cupping）的器具，所以店内单品咖啡就用这种方式冲煮。先倒入 20 克咖啡粉，让客人闻到咖啡的干香气；再加入 340 毫升、水温约为 94℃ 的热水，此时散发出的味道会和刚才的截然不同，我们称其为湿香气；静置 4 分钟后，将液体萃出到杯中，同时提供风味说明卡片，让客人阅读。用这样的方式能保留住咖啡的油脂，并且可以让客人品尝到接近咖啡本质的风味。

亲赴意大利考察的南北配方

　　GABEE. 的北意配方由 4 种咖啡豆、两个焙度组成，分别是烘焙到一爆密集的日晒埃塞俄比亚和危地马拉蜜处理，接近二爆时下豆的肯尼亚和萨尔瓦多。林东源认为："如果全部分开烘焙，虽然个别的味道明确，但缺少整体感，会有断层。"他这么组合，是希望突显出埃塞俄比亚豆的上扬果香酸质，再用危地马拉豆的坚果风味做中间的连接，最后用烘焙度稍深的肯尼亚豆做出中后段。肯尼亚豆有着很重要的功能，可避免加入牛奶后，其味道被盖住。而有着香料、木质调性的萨尔瓦多，则能让余韵更加有趣与复杂。

　　"开店前曾经去意大利考察，一路从罗马、佛罗伦萨到米兰，我发现越往北边，咖啡豆烘焙得越浅。"林东源回忆道。所以店内同时供应烘焙度较深的南意配方，可让客人选择喜欢的风味。南意配方里，有接近二爆的危地马拉蜜处理、哥伦比亚，以及二爆开始 30 秒左右的曼特宁、巴西、水洗罗布斯塔等咖啡豆。他觉得，一般对于罗布斯塔豆的观念太死板，其实这个品种也有不同的产区、处理法。把品质好的罗布斯塔豆放在配方里面，是因为它有着阿拉比卡豆无法取代的功能。

1　用 16 克咖啡粉萃取出 30 毫升的
　浓缩咖啡，用时 25~30 秒。

2　17 年前购入的 Faema E61 复刻
　版意式咖啡机，伴着林东源迈向
　冠军之路。

3　北意配方使用锥刀式磨豆机，以
　呈现出圆润干净的风味；南意配
　方则使用平刀式磨豆机，以充分
　表现出丰富与复杂的口感。

	2
1	3

对于烘焙手法，林东源的看法是："要先利用仪器工具来测量生豆的含水率、密度、粒径，不要只靠眼睛观察。"因为他觉得烘豆前先了解，比事后检测更重要。然后要熟悉烘豆机，除了基本操作，还要了解整个系统是如何运作的，以及咖啡豆在烘焙鼓里接收热能的状态等。

最后，要有自己的想法，要做出有独特风格的咖啡配方，而不是仅仅模仿。"看你想表达什么，想让消费者感受到什么，不单单是香气、口感，甚至还有温度变化对风味的影响。"对林东源来说，每一杯咖啡都是一次精彩的旅程。

配备喷射火源的新款德国烘豆机

在使用过 Probat 1 千克、Diedrich 12 千克等烘豆机后，林东源目前已换了 Probat 12 千克级的烘豆机。他将其摆放在店旁的工作间内，一般消费者不太容易发现。新款的德国 Probat 咖啡豆烘焙机有喷射火源，除了加热稳定之外，还采用百分比显示，更能掌握单位所需的热能。

Simple Kaffa 这是两人份的冠军

台北市中正区忠孝东路二段 27 号　☎ (02) 3322-1888

店长小档案

吴则霖，35 岁，射手座

在这里经营 Simple Kaffa 已有 6 年的时间。吴则霖早在求学时就以"咖啡三轮车"的方式跨入了咖啡领域，与那时还是女朋友的琦琦，在假日的时候到河滨公园或是创意市集活动摆摊。那时他们顶着烈日、在没有冷气的环境下工作，这真的得靠着对咖啡的满腔热情，才能支撑下来。

辞去正式工作，脱离了摆摊人生，他选择在东区地下室卖场内开设实体店面。但因为地点的关系，正式开店后的经营其实不算顺利。吴则霖说："试过很多方法都没有效果，就只能一杯一杯认真做，希望可以留住每一个上门的客人。"那年，他首次晋级中国台湾咖啡大师比赛前6强，这已经是他第3次参加这项比赛。

2013 年中国台湾咖啡大师比赛冠军，2014 年前往意大利参加 WBC 世界咖啡大师比赛。连续 5 年参赛，每次成绩都有进步，而手冲、烘豆、拉花比赛也几乎是每场必参加，他曾经拿下世界拉花大赛中国台湾选拔赛第二名的好成绩。咖啡资历为 12 年，现与妻子琦琦共同经营咖啡店，并与富锦树异业联盟协作"Fujin tree 353 cafe by Simple Kaffa"。

我觉得，他不是天才型的选手，却是最努力的选手。

谈到比赛，吴则霖的眼神依旧闪闪发光。他说："通过比赛，可以检验自己的技术，在不熟悉的环境下，会出现一些平常营业时不会发现的问题。"在参加世界杯大赛前，他特地带领店内员工，到阿里山邹族园、卓武山等咖啡庄园参观学习。他觉得，之前描述咖啡风味或制作过程，都只是参照书上的资料。这次能直接从农民口中听到关于种植和处理的细节，受益良多，他也希望能再次把这些新体验带上比赛舞台。

一般人在家也可以复制的咖啡冲泡法

谈及以聪明滤杯替代原本的手冲方式，吴则霖说："这样的方式不见得最好，但是最稳定；而且可以不加修饰地展现出咖啡豆的各个方面。"这样可以提升繁忙时段的出杯速度，同时可通过简单的操作流程来提高味道的重现度，避免像传统手冲那样技术性高、细节多，从而影响咖啡的品质。在采用这个方式出杯后，客人提高了对聪明滤杯的兴趣度，购买的意愿也随之增加。

使用 22 克咖啡粉，Ditting 磨豆机研磨刻度为 5，倒满 90 ～ 92℃的热水，静置 2 分钟后，在抽出前用木匙稍做搅拌，萃取出 330 毫升的咖啡液，粉水比率约 1 ：15。

呈现果香系酸质与蔗糖甜感

店内使用的配方豆，承袭了第一次参加比赛时的架构。吴则霖说："我喜欢它的厚实度及甜感，入口时那股香气还是会在。"这个配方采用的是危地马拉、巴西去果皮日晒和埃塞俄比亚日晒等咖啡豆，以分开烘焙再混合的方式，烘焙程度约在第二次爆裂前 5℃。纯饮浓缩咖啡时，表现出干净的果香系酸质与蔗糖的甜感。

关于分开烘焙的原因，他说是因为每种生豆吸热的速度不同，所以有各自的烘焙曲线。另外，他会不定时地更换配方里中美洲豆的品种，除了让客人有新鲜感，也考验吧台手的适应能力。

在烘焙手法上，吴则霖最在意的是要能表现出产区特色，其次是甜度要高。为了达到这些要求，在较浅的烘焙程度时，他会把一爆后的时间拉长，一般为 3.5 ～ 4 分钟。

热源干净、保温效果高是升级的考量之一

用过 Gene 3D、Mini 500、贝拉 1 千克后，逐渐升级的烘豆机让他对各种机器的特性都很了解。这台崭新的 Diedrich 5 千克级烘豆机，是 2014 年才开箱的新"玩具"。由于在目前的营业环境中无法摆放下这么大的机器，他只好另外在六张犁捷运站附近租了间店面，同时当作烘豆工作室和比赛训练场地使用。未来计划在这里开设相关培训课程，或是提供场地租借服务。

在创办人 Steve Diedrich 先生来台湾举办咖啡烘焙讲座之后，这台要价不菲的烘豆机的销量也随之增加。由于其干净的热源和良好的保温效果，不少人会在升级机器时将这两个条件纳入考量范围。侧边有三个门可以打开，冷却槽的下方是内建的集尘桶；后方则是一组抽风电动机，抽风和冷却是共用的，可以通过阀门来控制两者之间的比例。虽然吴则霖还在试着找到最佳的烘焙曲线，但他表示，和小型烘豆机相比，5千克级的稳定性还是更好。

```
        1
      2  5
      3 4
```

1　店内的浓缩咖啡是以20克咖啡粉萃取出30克重的浓缩咖啡，时间约为20秒。

2　La Marzocco GB5 半自动意式咖啡机，曾经是世界咖啡大师比赛的指定使用机种。

3　萃取浓缩咖啡时，会直接用小型电子秤测量，以重量为准。

4　店内主要使用图中左边的 La Marzocco 自动填压磨豆机来制作意式咖啡，中间的 Mazzer Robur 定量磨豆机用来测试批发给店家的咖啡豆，右边的 Ditting 磨豆机则主要负责单品咖啡。

5　冠军冲泡的卡布奇诺使用 ACF 160 毫升的标准卡布杯，奶泡温度控制在 55℃，入口充满浓浓的巧克力甜感。

咖 | 啡 | 大 | 叔 | 品 | 味 | 时 | 间

埃塞俄比亚耶加雪啡
(Ethiopia Yirgacheffe)

酸质干净，带有蔗糖甜感，第一口就可以发现这是来自埃塞俄比亚的咖啡豆。

	0	1	2	3	4	5
苦味						
酸味						
甜味						
香气						
回甘						

Vetti 维堤咖啡

宛如咖啡器械艺术的展示空间

☕ 台北市内湖区瑞光路 358 巷 32 号 1 楼　　☎ (02) 2657-3133

店长小档案

杨明勋，42 岁，天蝎座

入行十几年，曾参加美国 Diedrich 咖啡烘焙机原厂的培训，有意大利 La Marzocco 咖啡机原厂技术认证、美国精品咖啡协会 BGA Barista Level 1 认证，现担任维堤咖啡总经理、烘豆师。

　　第一次与杨明勋聊咖啡并不是在他的店里，而是在"La Marzocco-Out of Box"活动上。这场由维堤咖啡举办，结合了意大利顶级咖啡机、爵士乐、美食、大咖讲座等元素的活动，到场的 80 多位来宾都是咖啡业者，应该是台湾首次以咖啡为主题的派对。这次活动让大家对维堤咖啡的印象彻底改观，也成为维堤咖啡从传统的机器销售代理商，转变为意式咖啡风潮的重要推手。

　　说起创业时的艰辛，杨明勋略带尴尬地笑说："其实我本来想开的是英文补习班。"毕业于辅仁大学英语系的他，求学时期就着迷于浓缩咖啡的丰富滋味，退伍后的第一份工作也是选择在咖啡馆担任吧台手。这种想要让更多人认识意式咖啡的热情，让杨明勋用仅有的存款开创了自己的事业，以目前多达数千万的年营业额来看，很难想象当初他沿街拜访店家时四处碰壁的窘状。

1 卸掉意式咖啡机的外壳，让客人可以直接看见加热锅炉与管道配置。

2 黑红两色的是 2014 年 Diedrich 推出的新款 1 千克级烘豆机，涂装颜色可接受定制。透过维修室的玻璃隔间可以直接看到工作的情形，墙上吊挂着的各式工具成为装潢的一部分。

3 意式咖啡机、烘焙机、咖啡壶、磨豆机等器具，宛如艺术品般陈列着，来这里喝咖啡就像是参观小型咖啡博物馆。

　　十多年前，借着当时对开业辅导有着大量需求的契机，整合咖啡豆、调味糖浆、意式咖啡机、磨豆机等相关产品，杨明勋说："我们能够给客户提供一站购足的服务。"他与有着工程背景的合伙人张哥共同打响了维堤咖啡在餐饮业的名号，甚至为平价连锁咖啡、美式速食连锁店、便利商店提供咖啡机业务。合伙人张哥说："那时候人手不够，我跟他两个人常维修机器到凌晨两三点，有时遇到客户在言语上的刻薄刁难，也只能默默地承受。"

　　他是怎么踏入自家烘焙咖啡这个领域的呢？杨明勋表示，早期他们以代理品牌咖啡豆为主，当时还曾造访位于意大利北部的烘焙厂，200 千克级的大型烘豆机让他为之震撼，因此对咖啡烘焙产生了兴趣。他在 2006 年正式代理美国 Diedrich 咖啡豆烘焙机，并赴美接受原厂培训后，咖啡豆的批发销量日渐增长，一度达到单月 1800 千克的规模。机器也跟着一路升级，从 3 千克、12 千克，直到现在我们在店内看到的 24 千克级的烘豆机。

　　维堤咖啡同时也是 SCAA 美国精品咖啡协会正式授权的认证教育培训中心，提供咖啡师、烘豆师、杯测师的培训课程与认证考试。对于产业规模逐渐成熟的咖啡业界来说，专业认证绝对是从业人员对于自己的最佳投资，并且是能使自己快速与国际接轨的好方法。

1
2
3

让埃塞俄比亚耶加雪啡呈现干净口感的冲泡法

用有着涓细水柱的 Akira 不锈钢手冲壶，搭配使用专用滤纸的 Chemex 玻璃咖啡壶来做萃取。下方的 Hario 电子秤则是为了在冲煮时能立即判断注水量，水温为 88～92℃，粉水比例为 24 克咖啡粉萃取 400 毫升的咖啡液。

均衡展现中美洲与非洲咖啡豆的风味

维堤咖啡店内使用的 "401 Premrum Aroma" 综合配方，烘焙度在一爆结束后不久，配方内包括埃塞俄比亚耶加雪啡及西达摩、肯尼亚 AA、危地马拉、哥伦比亚等咖啡豆，采用混合烘焙的方式，平衡地表现出中美洲与非洲咖啡豆的风味特性。纯饮浓缩咖啡时，入口的柑橘酸香有着不错的辨识度。

另外在烘焙手法上，杨明勋在面对非洲系列的咖啡豆时，会侧重于利用传导热，以保留更多的水果韵味；对流热与传导热则均衡地运用在中美洲系列的咖啡豆上。他认为，良好的对流热会让咖啡豆在中烘焙时呈现焦糖甜感，在深烘焙时表现出优雅的巧克力余韵。

具备独特环保理念的 Diedrich 烘豆机

独立的烘豆室内摆放着比人还高的机器，这就是来自美国的 24 千克级咖啡烘豆机，创办人 Steve Diedrich 先生还曾来到维堤咖啡举办讲座，让大家了解这台以远红外线加热器为热源的烘焙机。这台机器除了有更好的加热效果，也减少了一氧化碳、二氧化碳、乙醛、二氧化硫的产生。利用干净的热源来烘焙咖啡豆，这是设计者的独特理念。

1　拿铁咖啡是用18克咖啡粉萃取60毫升浓缩咖啡，
　　杯子容量为300毫升，奶泡厚度最少为1厘米；
　　并且遵守 SCAA 意式咖啡的制作规定，发泡后剩
　　余的牛奶不重复使用，以确保每杯咖啡的新鲜度。

2　埃塞俄比亚耶加雪啡、肯尼亚、萨尔瓦多、苏门
　　答腊曼特宁、夏威夷可娜、牙买加蓝山等多种手
　　冲咖啡，用 Chemex 咖啡壶盛装上桌，颇具特色。

3　单品咖啡使用瑞士 Ditting 磨豆机，咖啡师在正式
　　磨豆前会先倒入些许咖啡豆，除去上回的残粉，
　　避免味道混杂。

4　Mazzer 生产的专业磨豆机，是冲泡意式咖啡时不
　　可或缺的好帮手。

5　维堤的浓缩咖啡具有酸质明亮的柑橘调性，顺滑
　　的口感与焦糖甜香，让人难忘。

6　直击生豆库房：身兼烘豆师与杯测师的杨明勋说
　　他自己不太喜欢亚洲豆的那种大地系风味，所以
　　生豆库存以非洲和中美洲的居多。原本大部分都
　　是从生豆贸易商采购而来，但因近年来国际生豆
　　行情波动剧烈，为求稳定的生豆来源与品质，未
　　来他将改为自行进口。

```
1 2
3 4
5 6
```

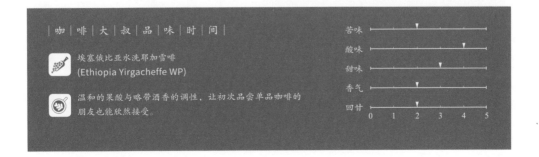

| 咖 | 啡 | 大 | 叔 | 品 | 味 | 时 | 间 |

埃塞俄比亚水洗耶加雪啡
(Ethiopia Yirgacheffe WP)

温和的果酸与略带酒香的调性，让初次品尝单品咖啡的
朋友也能欣然接受。

	0	1	2	3	4	5
苦味			▼			
酸味					▼	
甜味				▼		
香气			▼			
回甘		▼				

Phoenix Coffee & Tea
十年磨一剑，用尽全力萃取的好咖啡

☕ 台北市南京东路三段 89 巷 3 弄 3 号 1 楼   ☎ (02) 2517-6718

☕ 台北市吉林路 323 号   ☎ (02) 2595-0581

　　光是通过其担任过连续 5 届台湾咖啡大师比赛感官评审的经验，就可以知道高扬凯在业界的资历如何。对于开店这件事，他说："之前都是员工的角色，有很多事情不能照自己的意思来，所以才想要拥有一家完全能体现自己意志的咖啡店。"未开店前，他除了正式工作之外，同时也在做批发咖啡豆的业务。他希望通过这次实体店面的经营，打造出属于自己的品牌。

　　"开店还不到一年的时间，咖啡豆的销售量就增长了一倍。"高扬凯说，目前以批发为大宗，虽然没有请业务人员拓展生意，但通过已有客人不断介绍新客户，店内业务呈自然的持续增长趋势。或许是因为商圈特性，在店内品尝的客人大多喜欢单品咖啡，坐的时间也比较久，而赶时间的上班族则以购买外带意式咖啡居多。

高扬凯，43 岁，天秤座

虽然开店时间不久，但是他个人的咖啡资历非常完整，从业约有 17 年，从连锁咖啡体系到自家烘焙咖啡店，甚至还参与过 5 间中小型烘豆厂的建厂，以烘豆师的角色任职于不同公司。近年来在各种咖啡赛事上，都能看见他担任评审的工作，而他也曾是中国台湾首度进军世界咖啡大师比赛的配方豆烘焙师。

我请他给想要从事自家烘焙咖啡的朋友一些建议，他说："有些资金充足的人，会直接跳过累积经验那一段就开店，其实并不是件好事。"他觉得如果可以先在连锁店体系工作学习，并在经营管理方面多下点功夫，知道如何利用报表来分析经营状况，就成功了一半。而在冲煮咖啡和烘豆等技术方面，则需要建立起 SOP 标准化作业程序，这样将来在员工训练上才能有据可依。

经验不足也能冲泡出美味咖啡的方法

高扬凯很谦虚地说道："我的手冲经验不是那么多，所以会选择容错度高的方法。"使用 Chemex 6 人份咖啡壶搭配原厂滤纸，手冲壶则用 Kalita 不锈钢木把款，水温控制在 88℃左右。15 克的咖啡豆用 Ditting 磨豆机研磨，刻度 5。因为用电子秤计量，所以第一段闷蒸 20～30 秒，使用水量为 15～20 毫升，而冲煮的总用水量为 225 毫升，大约是 1∶13 的粉水比。

1	2
3	4
5	6

1　扑夏常被误认为是店名，其实是 Pull Shot 的音译。

2　店门外的黑板上，每天都会公布当日使用的咖啡豆。

3　店内装潢简朴、温馨，一进门就可以看到烘豆机放在角落，与其说是咖啡馆，不如说是一种咖啡教室的氛围。

4　座位及吧台后方摆放着生豆，兼具储藏和装饰的功能。

5　架上摆满手冲咖啡的相关器具，方便客人一次购足。

6　店里销售的咖啡豆除了常见的袋装款之外，单价较高的咖啡豆会用玻璃瓶做小分量包装，以增强客人尝鲜的意愿。

酸味、层次、口感、回甘，缺一不可

"我想要做出有酸味、有层次感，且比较大众化的风味。"资深烘豆师高扬凯是这么认为的，所以他店内的综合配方里，包括了肯尼亚 AA、有机曼特宁、哥斯达黎加、巴西依帕内玛等咖啡豆，按照比例混合后再烘焙，烘焙程度约是在二爆开始后的 20 秒。原本是采用分开烘焙再混合的模式，但因为用量不同会造成库存管理与新鲜度不一致等问题，就改成了混烘。

使用这些生豆的原因，在于肯尼亚豆深烘后仍保留着优质的酸味，曼特宁豆则提供了厚实度与余韵的深度，巴西豆的油脂感与甜感更是不可或缺，而质感好的哥斯达黎加豆则是配方里的"模范生"。

关于怎么烘好咖啡豆，高扬凯说："表现出豆子原本的味道，突显出产区特性。"所以他认为，用在浓缩咖啡上的咖啡豆，要有层次、有回甘，而且口感要饱满，这几点是最基本的要求。因此，他通常会烘焙到二爆后，做好焦糖化的风味。

少见的 Primo Roasting

这台外形方方正正的"Primo Roasting"3 千克级烘豆机，在市场上并不常见，它采用的是和美国品牌 Diedrich 相仿的红外线热源。两者最大的差别在于这台机器少了两片蓄热钢板，但根据高扬凯对两者的使用经验来看，它们的烘焙曲线几乎是一样的。

除了燃气控制阀之外，这台机器只有 3 个开关，不难想象它的设计理念就是简单和稳定。抽风电机被放置在最后端，同时可以看到下豆冷却盘并没有旋转搅拌的功能。

1 经典的 Chemex 玻璃咖啡壶，被纽约现代艺术博物馆纳为收藏品。

2 Kalita 不锈钢木把款手冲壶，壶嘴设计良好，稍做练习就能控制水注的均匀度。

3 客人拿来试用的大刀盘手摇磨豆机。

4 纯铜外壳的 Victoria Arduino-Athena 拉霸式咖啡机，内置热交换系统，不易出现温度过高的情况，可以通过放水来降低冲煮温度。拉霸机在弹簧的作用下，能够提供渐升趋降的萃取压力，为 $(5\sim12)\times10^5$ 帕，可呈现出较为柔和的后段风味。

5 Anfim 平刀磨豆机，需手动拨粉。

6 外带咖啡多用 La Marzocco GS3 单孔意式咖啡机制作。

7 直击生豆库房：包括木桶装的牙买加蓝山、纸盒真空包装的巴西达特拉庄园、各式麻布袋装的其他产区的咖啡生豆，都堆放在木头栈板上，避免与地面直接接触而造成湿气过重的问题。

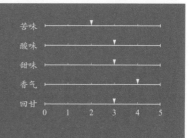

```
      | 4 5
      |  6
1 2 3 |  7
```

| 咖 | 啡 | 大 | 叔 | 品 | 味 | 时 | 间 |

埃塞俄比亚日晒耶加雪啡
(Ethiopia Yirgacheffe DP)

这次品尝的是烘焙度约在一爆停止的日晒耶加雪啡，以浓缩咖啡的方式萃取，呈现出明显的杏桃酸质及奶油般的顺滑感；中段厚实，并有些许花香调性，略带核果风味。

苦味 ————————▼——————
酸味 ——————————▼————
甜味 ————————▼————————
香气 ————————————————▼
回甘 ——————————▼——————
　　0　1　2　3　4　5

卡瓦利咖啡 十年有成，老店新貌

☕ 台北市大安区永康街 2 巷 5 号　☎ (02) 2394-7516

从对咖啡一窍不通，再到从事原材料供应的相关业务工作，算起来已经是 18 年前的事情了。后来经朋友介绍，在 2000 年时，接手了目前经营的卡瓦利咖啡。这家咖啡馆从他接手到现在，几乎可以说是原封不动，时间成了这家咖啡馆最好的装潢。郭毓儒回想起当时："刚接手的时候试过几款意大利品牌的综合豆，但受限于进口豆新鲜度不足的问题，而且那也不是我想要的味道。"那时他刚好遇到大学时期就认识的烘豆师，便跟着他学习咖啡烘焙。

购入第 1 台 4 千克级烘豆机时，刚好遇到自家烘焙浪潮的盛行，那是郭毓儒觉得最有趣的时候。"会拿着自己烘好的咖啡豆去跟同行相互讨论，我还记得第一次喝到的瑰夏，就是在竹围的原豆。"经历过早期业界靠着经验传承，理论不足且缺乏系统化的年代，8 年前，他通过了专业杯测师的认证，这几年更是积极地参加咖啡烘焙比赛。

"其实我这几年已经很少站吧台。要兼顾内外场真的很耗心力，过了 40 岁，体力真的不比当年。"郭毓儒思考着如何转型，想要把自己对于咖啡的想法扩散出去。于是在几年前，他和林秋宜在厦门合作开设"香投精品咖啡学院"，以 SCAA 认证教室为主，另外也请到了中国台湾的多位咖啡人担任咖啡拉花、金杯理论等课程的讲师。

他认为，通过咖啡比赛就能知道，台湾的咖啡产业已经有一定的高度和水准，每个人只要做好自己的本分，持续而稳定地提升，就不怕被取代。

对于想要开自家烘焙咖啡馆的人，他的建议是，先提高专业技能，可以先到咖啡店上班或

店长小档案

郭毓儒，47 岁，摩羯座

18 年咖啡从业资历，连续 2 年参加台湾的咖啡烘焙比赛，分别获得第 3 名、第 2 名的成绩。通过 SCAA Cupping Judge、Q-Grader 资格认证，曾担任 2012 年中国咖啡师大赛厦门赛区的评审。现经营卡瓦利咖啡，并定期前往厦门授课。

直接去上课。像学会杯测能让你更理解咖啡豆的本质，判断烘焙技术好坏；而金杯理论的萃取方式可以套用在各种冲煮方式上，这些对于开店都很有帮助。

堪称经典的神灯造型手冲壶

郭毓儒在做手冲咖啡时，使用 93℃的水，粉水比约为 1：13，即用 15 克咖啡粉冲煮出 200 毫升的咖啡液，闷蒸时间为 15 ～ 20 秒，整个过程不断水。器具则选用 Kalita 经典铜壶搭配最新款波浪滤杯；最下方的 Acaia 电子秤有助于了解整个手冲过程中注水力道的大小。

十年如一日的综合配方

以肯尼亚 AA 为主体，搭配哥伦比亚、危地马拉、巴布亚新几内亚、苏门答腊曼特宁。将以上几款咖啡豆混合后烘焙，烘焙程度约在二爆密集，这是卡瓦利咖啡从开始自家烘焙后几乎没有改变过的综合配方。纯饮浓缩咖啡时，能明显感受到前段的莓果调性及乌梅味，口感顺滑，带着丰富的坚果、可可、奶油香气。

郭毓儒说："我偏好的东西要有厚实感和甜度，这跟我学习咖啡的过程有关系，跟现在的潮流比起来有点老派。"所以他的咖啡配方里多以表现中后段特性的咖啡豆为主，比如他最喜欢的肯尼亚，具有酸质强烈的特性，可以把层次感拉开；曼特宁则负责后段丰厚的油脂感。整体来说，就是朝当年所使用的品牌综合豆的风味来发展。

后来因为要让加入牛奶后的饮品中的咖啡味道更明显，他又开发出了另外一款配方豆。以二爆密集的哥伦比亚为主体，加入刚接触二爆的西达摩及罗布斯塔种咖啡豆，颇受消费者的好评。

郭毓儒自己也认为，罗布斯塔豆在一定的比例下，其实很好用。

关于烘焙咖啡的手法，郭毓儒觉得，烘焙前段温度的变化最重要，"脱水过程要处理好，脱水不足会产生涩感；过头则容易带苦，对风味的影响很大。"烘焙中段，他会维持每分钟8～9℃的升温速率，一爆开始1分钟后，则会将火力稍微调小。

"烘焙记录一定要做，不管你有没有10年的经验。"这是他对于烘焙的坚持。他隔天会通过杯测来判断风味，以利校正。新入手的品种，在烘焙前，他会先通过测量生豆的含水率、密度，尽可能地去掌握生豆的特性，依照所记录的资料，归纳出最适合的烘焙方式。

双向气流的热对流效应更好

对于最近添购的飞马PRO 4千克级咖啡烘焙机，郭毓儒表示，由于新款机器烘焙鼓内部的特殊设计，使其产生双向气流，比起旧款，在热对流效应方面表现得更好，可以很明显地察觉出风温提升变快。此外，烘焙鼓材质、搅拌刀片、加热火嘴等部分都进行了改良，也很明显地体现在咖啡风味上，所以他非常推荐这台烘豆机。

1 卡瓦利的浓缩咖啡使用 La Marzocco-Linea 意式咖啡机搭配 VST 滤杯，用 22 克咖啡粉萃取出 20 ～ 25 毫升咖啡液，用时 22 ～ 25 秒。

2 一进门就看到堆着七八袋的咖啡生豆，看来生意不错。

3 训练新进员工的服务流程。

1 2 3

拾米屋 老谷仓里的好咖啡

☕ 台北市北投区大同街 153 号 ☎ (02) 2892-2800

詹兆仁，40 岁，天秤座

进入业界是从任职于哈亚咖啡开始的，并曾负责上登国际的咖啡生豆业务。2008 年选择在台北市北投区开设高馡咖啡，2012 年时，与米花小姐团队共同经营结合了精品咖啡与甜点的"拾米屋"。

原本在新北投捷运站附近经营高馡咖啡的詹兆仁，与苏怡帆、林虹均这两位"米花小姐"团队的甜点师，共同把老旧米仓变成了充满着烘焙咖啡和焙烤甜点香气的空间。问起他们当初为什么会有这样的想法，詹兆仁说："我们都是把一辈子的心力放在咖啡、甜点上的人，刚好都需要更大的空间来做烘焙，异业合作是个趋势。"他还觉得，合伙的关系能让彼此都在各自的专业方面更加努力，跟单纯地聘用员工不同。

这样的组合激发出了更多火花！我们可以在拾米屋这里发现咖啡与甜点的新概念，由"米花小姐"制作出甜点，詹兆仁为她们选出了适合搭配的单品咖啡，例如：焦糖燕麦南瓜塔跟危地马拉安提瓜，还有洛神白巧克力爆米香跟巴拿马 Perci。适当的酸质或苦味跟对味的甜点一起享用，是相辅相成且不抢味的。苏怡帆说："我们不但选用当地食材，比如南投埔里南瓜、宜兰有机米等，而且很多材料都尽可能自己制作，就比如把水果制成果酱，再使用在甜点里面。"对于在让客人能够有更好的体验方面，咖啡师和甜点师都有着一样的坚持。

对于想要跨入自家烘焙咖啡领域的朋友，詹兆仁认为："其实我们都在学习中。咖啡烘得好的人会不断出现，所以自己的定位要更精准，技术要更好，这样的良性竞争才会对消费者及咖啡行业有利。"他希望自己能够坚持本地化经营的理念，继续在北投地区开设第 3 家咖啡馆。

配合流速断水，避免过度浸泡

使用 Kalita 不锈钢手冲壶搭配 Kono 锥形滤杯，将 15 克咖啡豆以富士鬼齿磨豆机研磨，粗细刻度为 3.5，萃取出 180 毫升的咖啡液。冲煮水温则依烘焙程度做调整，浅烘焙约在 90℃，中烘焙则是稍低一点的 88℃。刚开始的闷蒸时间为 15～30 秒，注水先慢后快，同时配合流速，不时地中断注水，目的是不要让咖啡粉一直被浸泡，从而产生过度萃取的情况。

增加烘焙时间，带出咖啡余韵

负责烘豆的詹兆仁说，这里的综合配方经常更换，他想试什么就试。以这款配方来看，他使用了埃塞俄比亚 Kochere、危地马拉安提瓜、巴西达特拉庄园 Carmo 等咖啡豆，分开烘焙后再混合，烘焙程度约在二爆初。他觉得分烘的味道比较丰富，可把埃塞俄比亚的花香、安提瓜的厚实、巴西的核果味均衡地呈现出来。纯饮浓缩咖啡时，口感柔和、酸质明亮，有着柠檬、葡萄柚的调性，后段有明显的苦巧克力风味。

谈起咖啡烘焙，詹兆仁觉得："已经有很多人在烘豆，因而我的风格必须要有不同，我自己是希望要有余韵。"为了达到这点，他的烘焙总时间会比较长，通常在 10 分钟以上。但他承认如果这样做的话，主要的味道会少一点。另外，在烘焙时给予适当的升温曲线也很重要，他通常会让前段的蓄热时间长一些，再进入后段。

1 由老谷仓改建，空间十分宽敞。

3 烘焙工作间以拉门与座席区间隔。

245 灰色水泥墙与木制家具、摆
设非常对味。

1 2
3 4
  5

直火、热风各有千秋

开业初期使用的富士皇家 5 千克级直火式烘豆机，是从日本进口的二手机。詹兆仁认为，直火机在烘焙鼓上有许多小孔，也就是俗称的"洞洞锅"，受火力的影响较大。而后续添购 Kapok 半热风式咖啡烘焙机，则是因为他曾参与其开发时的测试。他表示："这种类似欧系机器的设计，蓄热效果好，跟直火式比较起来差异很大，烘焙手法也不同。"

1 宜兰友善农法种植的稻米，与白巧克力结合，让传统爆米香呈现出新风味。

2 季节限定的南瓜挞，错过了只能等明年。

3 Fuji Royal 日本富士皇家直火式烘豆机。

4 Kapok 1 千克级半热风式烘豆机。

5 新款 Kapok 500 微型咖啡烘焙机。

6 La Marzocco Linea 三孔意式咖啡机。

7 制作浓缩咖啡时，用 VST 滤杯填入 20 ～ 22 克咖啡粉，萃取出 45 毫升咖啡液，流速由咖啡师依照当天的状况而定。

8 手冲咖啡使用的光炉兼具美感及保温效果。

```
1
2
3 4 5
6 7 8
```

| 咖 | 啡 | 大 | 叔 | 品 | 味 | 时 | 间 |

埃塞俄比亚耶加雪啡90+倩碧
(Ethiopia Yigacheffe 90+ Tchembe)

可以明显感觉出酒香及成熟水果的甜感，是不可多得的好味道。

	0	1	2	3	4	5
苦味			▼			
酸味				▼		
甜味						▼
香气						▼
回甘					▼	

德布咖啡台北店　中药柜里的咖啡香

☕ 台北市中山区新生北路一段 15 号　　☎ (02) 2541-7279

店长小档案

林建威，39 岁，狮子座

通过 SCAA Q-Grader 杯测师认证，并担任世界咖啡冲煮大赛中国台湾首届选拔赛评审。入行 12 年，曾于哈亚咖啡担任店长一职，自行创业开店也有 9 年的时间，目前经营德布咖啡基隆本店与台北门店。

　　12 年前，原本在高雄从事电子行业的林建威，毅然北上，寻找咖啡店的相关工作，他说："喜欢就是喜欢，没有特别的理由。"在来台北之前，他连意式咖啡机都没有碰过，只在"真锅咖啡"短暂地工作过 3 个月，因而只能用最笨的方法来找工作。他跑遍了那时台北十几间有名的咖啡店，有时候一坐就是一下午。他回忆道："那时投了很多简历都石沉大海，唯一有回应的是'黑潮咖啡'的小高，虽然是说没有职缺。"到处碰壁的状况下，他依然没有放弃，只为了他喜欢的咖啡。

　　后来林建威如愿进入哈亚咖

啡，在日籍老板的指导下，学习咖啡
冲煮与烘焙的相关知识，直到担任店
长一职。他很感谢这个过程让他打下
了扎实的基础。但因为和那时在基隆
当老师的女朋友住在一起，他每天光
是花在交通上的时间就要 4 个小时，
因而便兴起了自己开店的念头。

2008 年，他选择在基隆创业开
店，"那时候资金不够，就把以前收
藏的一些古董电风扇给卖掉了。"由于当地的市场不够成熟，经营起来格外艰辛。而后在石门
一处废弃的小学校区开设的分店，让德布咖啡的知名度大增。除了与陶艺家合作的展览空间，
建筑物本身的话题性也让那里在媒体曝光与消费者的口耳相传下，每逢假日都是客满的状态。

林建威说："在结束石门店的合作案后，就想要来台北开店。当初设想的条件是空间要够大，
格局方正，最好是在捷运站附近，就算是在巷弄里面也没关系。"虽然经历了一些波折，但目
前台北店完全符合当初的要求，却有点太"巷弄里面"，几乎没有过路客群，大多是专程来喝
咖啡的人群。

至于给想要开咖啡店的人的建议，他觉得："如果真的喜欢咖啡，那就着手进行吧！在经
历了开店后，你绝对会更喜欢咖啡的。"

视烘焙度深浅而变化温度的冲泡法

林建威使用 Kalita 炫彩系列手冲壶，视咖啡粉膨胀的程度来中断注水，整个过程中的断水
次数多达 6 次。并且依照烘焙程度的深浅，使用的咖啡粉量与萃取水温也不同，按以秤计量，
萃取 230 毫升的咖啡液来看，浅烘焙使用 17 克咖啡粉、水温 87℃；中、深烘焙则使用 15 克咖
啡粉、水温 85℃。由此可知，两者的萃取比率与浓度的差别很大。

单一咖啡豆组成的综合配方

德布咖啡的这款综合配方豆很简单，由不同烘焙程度的埃塞俄比亚日晒耶加雪啡组成，较
浅的是一爆结束，较深的则是接近二爆。纯饮浓缩咖啡时，能感受到强烈的柑橘酸香以及日晒

1 Robur、Major 定量磨豆机，分别负责热、冰两种不同配方的咖啡豆。

2 用 17 克的咖啡粉萃取出 30 毫升的浓缩咖啡，用时 16 ～ 18 秒。

3 用中药柜来摆放杯盘，一点也不会感到突兀。

1 2 3

豆的特殊风味，香气好、质地厚实，酸质非常的明亮上扬。

　　关于这个配方的组成概念，"在参加咖啡师比赛烘豆时，听了胡元正前辈的建议，找一种好豆子来表现，两个烘焙度可以兼顾香气和味道。"林建威说，他自己原本就很喜欢日晒豆的风味，也做过很多尝试，能把参加比赛所得的东西回归到店面，是他一直都有的想法。他同时也提到："以前有些观念不正确，刚开始的时候，至连前、中、后段的概念都不知道。后来有阵子过度地强调酸味，还有在石门店时，为配合客人的口味，把咖啡豆烘得很深。"

　　在烘焙手法上，林建威有个很特别的做法，就是一整天只烘同一种咖啡豆。这个做法可以让烘豆师在掌握烘焙曲线时更加容易，因为当天的温度、湿度、气压都保持稳定，在减少变因的状况下，同一种咖啡豆所呈现出的状态，都会在掌控之中。

　　另外，以他用过三四种不同品牌烘豆机的经验来看，其实每种机器本身的设计都不错，但使用者必须熟悉其性能，不能过度迷信品牌或对机器的期望过高。

| 咖 | 啡 | 大 | 叔 | 品 | 味 | 时 | 间 |

印度尼西亚黄金曼特宁
(Indonesia Golden Mandheling)

浅烘焙时呈现出淡雅的奶油香及人参味，醇厚度十足，令人印象深刻。

	0	1	2	3	4	5
苦味			▽			
酸味				▽		
甜味					▽	
香气					▽	
回甘					▽	

Single Origin espresso & roast
勇于挑战纯饮新概念

　　十几年前，正在读夜校的黄吉骏想找份兼职，就在真锅咖啡三重店上起了大夜班，这也是他第一次接触到手冲咖啡，就这样工作了两年。问他当时怎么不继续升学，"我有考上致理啊！只是报到那天睡过头了。"他轻松地回答着，听不出有什么遗憾。

　　退伍后，他陆续做过几份不同的工作。但黄吉骏觉得这样似乎不是办法，好像在浪费生命，他想学一个能够持续发展的专长，所以去了一家餐厅上班。虽然要做很多杂事，但勉强跟咖啡相关。在那里，他第一次接触到意式咖啡。

　　直到 9 年前，他才有机会进入一家颇具规模的咖啡连锁店，当时在和平东路的创始店，主要是平价供应自家烘焙的咖啡。他回忆起当时，说道："就是这段时间，让我打下了一切的基础，我最感谢的就是教我的师傅大宝。"由于外带出杯的数量很多，因而在要求速度快，却又不能乱的情况下，他对意式咖啡的冲煮制作逐渐熟悉起来。

　　而真正属于他的舞台，才刚刚开始。

　　在连锁咖啡店工作期间，黄吉骏积极参加了台湾咖啡大师比赛、台北市咖啡拉花大赛、台湾咖啡冲煮大赛等活动。从专心做冲煮咖啡的吧台手，到能够独挑大梁的烘豆师，这样的转变有什么影响呢？"这样比较有自己的想法。想要表现出什么味道，在烘焙的时候就要先决定好。"

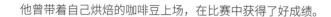

黄吉骏，34 岁，双鱼座

从连锁咖啡店里的"小螺丝钉"，到能够独挑大梁的烘豆师，这条路走来并不顺遂。或许正因为如此，平易近人和虚心求教的态度，时常能在他身上看见。另外，虽然每月的收入有限，但他对于收集意式、手冲咖啡器材有着莫名的热情，在业界以"阿吉又败家了"而闻名。

1 浓缩咖啡和卡布奇诺一起上桌，让客人同时体验到浓缩咖啡的纯粹，以及与牛奶混合后的甜美。卡布杯的容量为 180 毫升，奶泡温度控制在 60℃ 左右，厚度在 1 厘米以上。

2 店内使用的 Nuova Simonelli T3 半自动意式咖啡机。

3 Kalita Nice Cut（左一），Major（中），Robur 磨豆机（右一）。

1 2 3

他曾带着自己烘焙的咖啡豆上场，在比赛中获得了好成绩。

对于经营咖啡店，从刚开始客人都喝不惯浓缩咖啡，到现在逐渐能够接受这样的呈现方式，是黄吉骏感到最开心的事情。他觉得，或许这样开拓市场很辛苦，但只要能持之以恒地做下去，迟早会看到成绩。

高温萃取呈现香气和酸质

店里供应的手冲咖啡，是以 20 克咖啡粉，Kalita 磨豆机研磨刻度 3，使用 Kalita 不锈钢大型手冲壶，水温控制在 90℃ 上下，搭配有田烧骨瓷滤杯制作而来。首先闷蒸 30 ～ 40 秒，再继续注水，其间断水一次，使用电子秤计量，粉水比设定在 1 ：12，最后萃取出 240 毫升咖啡液，所需时间为 1 ～ 1.5 分钟。

高温高萃取的概念，让香气和酸质都容易被辨识，也能兼顾咖啡液的干净度。

另外，客人也可以要求用爱乐压的方式，用 18 克咖啡粉萃取出 200 毫升咖啡液，水温 88℃，以表现出甜味和厚度明显的风味。

独树一帜的单一纯饮

在这里没有配方豆！"消费者很想找到这样的店家，但是找不到。"黄吉骏说，他在规划开店前发现了这个情况，就干脆以提供单一产区浓缩咖啡（Single Origin espresso，以下简称 S.O.）纯饮为主题的经营形态，在综合配方豆充斥的市场中独树一帜。

　　"生豆的品质占了 70%，烘豆师只是表现出它原有的风味。"由于店内提供的是 S.O. 纯饮，所以黄吉骏认为，应该把酸质、香气、甜感、苦味、厚度这些咖啡原本就具有的特性互相联结，在杯中平衡地表现出来。

　　目前店内多以一爆停止的浅烘焙咖啡为主，因为他自己喜欢充满香气的甜感。但是在决定咖啡豆烘焙深浅度的时候，还是会遇到一个问题，那就是如何拿捏好"酸转甜"的度，即保留美味的酸质，在入口后可转为讨喜的甜感。但是客人对于酸味的接受程度又有所不同，因而这是他想在咖啡烘焙方面持续探讨的课题。

稳定度最重要

　　开店时购入的这台贝拉 EVO-1 半热风式烘豆机，采用双燃气表控制三支加热火排的设计。烘焙鼓为铁铸内锅，转动速度可调整；建议每分钟在 45 ～ 75 转，有部分使用者通过控制转速来改变咖啡豆的风味。原厂建议的单次最大烘焙量为 1.2 千克、最小烘焙量为 300 克，每次烘焙所需时间为 10 ～ 20 分钟。冷却系统有独立的抽风电机，所以每小时的最大产能约为 4 千克生豆；在扣掉失重后，大概是 2.7 千克的咖啡熟豆。目前店内自用和批发的数量约为 280 千克，如果能翻倍的话，就必须考虑机器的升级。

　　黄吉骏认为，烘豆机最重要的在于稳定性，这样才能帮助使用者重现咖啡好喝的味道。

1 把摆放在角落，用来装生豆的麻布袋当作名片盒。

2 独特且随意的半室外座位区，熟客都爱坐在这里。

3 琳琅满目的选手证，是他与工作伙伴的热血回忆。

4 浓缩咖啡用 17.5～19 克咖啡粉，分流萃取各 20～25 毫升，让人一次感受到风味的暴发性。

5 即使冲泡意式咖啡，黄吉骏都会使用电子秤，精准测量所需的咖啡粉量。

6 直击生豆库房：将原本是麻布袋装的咖啡生豆利用收纳箱做分装，除了方便堆叠、节省空间外，对于维持其新鲜度也稍有帮助。种类平均维持在 7～8 款，多以非洲与中美洲的咖啡生豆为主，像埃塞俄比亚、巴拿马和哥斯达黎加则是长期供应的品种，其余的则视当季各产地国的情况来进货。

```
        3
        4
1  2  |  5  6
```

| 咖 | 啡 | 大 | 叔 | 品 | 味 | 时 | 间 |

埃塞俄比亚水洗耶加雪啡
(Ethiopia Yirgacheffe WP)

奶油、花香、柠檬味，喜欢非洲系咖啡单品的朋友，一定要来试试看。

	0	1	2	3	4	5
苦味			▼			
酸味					▼	
甜味				▼		
香气					▼	
回甘				▼		

沛洛瑟珈琲店
迈向"神之一杯"的冲煮殿堂

🍵 台北市中正区中华路二段 75 巷 40 号　　☎ (02) 2312-2955

🍵 台北市松山区健康路 189 号　　☎ (02) 2742-0015

　　咖啡，在这里展现了无限可能。沛洛瑟让客人随意地选择冲煮方式，也就是说，你先选择一款单品咖啡豆，再决定用手冲、虹吸壶、法式滤压壶、爱乐压、意式咖啡机等其中的一种方式做萃取，甚至是把它做成拿铁咖啡或卡布奇诺咖啡也行。这样的设定，让客人能够品尝到由不同的咖啡冲煮方法所造成的风味上的差异。

　　"客人就是我的认证。"相对于有着 SCAA 杯测师资格的女友，甘力安很有自信地说道。

　　因为租约到期，沛洛瑟自家烘焙咖啡店从繁华的东区搬到了目前的老城区宁静巷弄。当询问甘力安对这个改变的看法时，他说："与其在人潮众多的地点，不如找个自己想要生活的地方。"他觉得经营方面并没有什么改变，还是坚持着高品质，希望能让客人不断回流。

甘力安，34 岁，射手座

12 年前入行，在当时颇具知名度的卡瓦利咖啡馆工作，开始接触自家烘焙咖啡，后来购入微型烘豆机，开始研究咖啡烘焙。目前与相差 1 岁，同是射手座的女友康家韶经营咖啡馆，已有 7 年的时间。两人均擅长专业的杯测、烘豆，合作无间。

1 几乎占满墙面的书柜。

2 独立的烘焙室，在进行烘焙时，能将声音和烟味隔离，把对店内的影响降至最低。

3 坐在吧台的位置，可以近距离观看咖啡师冲泡咖啡。

1 2
3

对担任过咖啡大师比赛、咖啡冲煮比赛评审的康家韶来说，通过专业的杯测师认证是否对经营咖啡馆有所帮助，她觉得："原本自己过于随性，徒增很多不稳定的因素。所以认证与否是其次，重要的是通过学习了解到系统化的概念，然后把它落实在工作上。"所以她在取得 Q-Grader 资格后，又更积极地去争取担任评审的机会。"我想通过观察选手们在比赛时的表现，来认识咖啡业界的趋势，如果有好的方法或特别的观念，我也会把它学起来。"

所以在沛洛瑟，新进员工必须通过两个阶段的考核，即跟客人互动的口试及制作咖啡饮品的实操，其中实操又分为冲煮技术和味觉感官两个部分。通过考验的员工，在美式淡咖啡、卡布奇诺、浓缩咖啡、茶等产品的制作上，都具备一定的水准。

对于给想开咖啡店的朋友们的建议，甘力安认为，要不要自家烘焙是比较现实的考量。例如：能否兼具冲煮、店务运作与烘焙咖啡豆的能力，以及周围邻居对烟味的反应等，在开店前就应该对这些事情有所规划及考量。确定自家烘焙之后，烘豆师唯一要做的，就是尽可能地让咖啡豆品质好且稳定，毕竟最重要的是客人的感受。

视豆性与烘焙度调整水温及闷蒸时间

使用 Kono 名门款彩色滤杯搭配木柄玻璃壶，以及造型优雅的 Yukiwa Kono 定制版不锈钢细口手冲壶。用 20 克咖啡粉萃取 250 毫升咖啡液，水温随着烘焙程度不同而做调整，浅烘焙约在 90℃，中烘焙则控制在 86℃。闷蒸的时间也随着豆性与烘焙度而定，一般为 5 ～ 20 秒。浅烘焙比中烘焙短，较短的闷蒸时间会让香气表现较佳。包括闷蒸时的第一次注水在内，总共断水两次。

"霹雳猫" 综合配方

对于这个命名为"霹雳猫"的综合配方豆，甘力安说："我想要表现的是风格强烈、明快上扬，但又不会失去平衡感的风味。"所以他采用分开烘焙的方式，由浅而深，包括一爆密集左右的日晒耶加雪啡、水洗耶加雪啡、哥斯达黎加蜜处理和二爆之前的尼加拉瓜、玻利维亚等咖啡豆。他觉得，分开烘焙可以充分表现出层次感；混合烘焙虽然融合感比较好，但风味极易重复堆叠。

在烘焙手法上，甘力安表示："越简单越好，像火力和风门，调得越多，不稳定因素就越多。"所以他会根据当天气候、气压、燃气的情况，找出适合的火力。烘焙时依照生豆的特性，开火后一般不会再更改。

1 用 20 ～ 22 克咖啡粉，分流
  萃取出 60 毫升的浓缩咖啡；
  由于没有限流阀，所以时间较
  长，控制在 45 ～ 50 秒，味
  道比较丰厚扎实。

2 正在进行咖啡杯测的康家韶，
  拥有 SCAA Q-Grader 资格，担
  任过台湾咖啡大师比赛的感
  官评审。

3 浓缩咖啡纯饮呈现出非常明显
  的酸转甜口感。前段由花香
  及梨子酸甜风味组合而成，
  中段强而有力，并带有核果
  味。

4 直击生豆库房：生豆大部分都
  放在烘焙室外的角落。值得一
  提的是，近年来，沛洛瑟咖啡
  与同业共同参与了最佳巴拿
  马（BOP）的竞标活动。对小
  型自烘店来说，通过这个渠道
  来获取生豆有一定的难度，但
  是在品质提升和市场区隔上，
  参加这个活动对其帮助很大。

因为咖啡是农产品，所以每个产季的品质皆有不同。在配方的调整上，他会用巴拿马日晒、水洗、蜜处理三种生豆，再搭配补足中段的玻利维亚和修饰后段风味的尼加拉瓜等咖啡豆。

直火机的优点：明亮干净的前段风味

3 千克级直火式烘豆机，转速固定，只显示一个测温点。甘力安认为，这款机器在设计上，利用电机直接驱动烘焙鼓，转速比较稳定。另外，把烘焙鼓与加热火排的距离拉大，除受热均匀外，也不会有烧焦的问题。他说："保证明亮干净的前段风味，绝对是直火机的优点。"

```
  3
2
1   4
```

| 咖 | 啡 | 大 | 叔 | 品 | 味 | 时 | 间 |

埃塞俄比亚耶加雪啡海尔赛拉希
(Ethiopia Yirgacheffe Hailese Lassie)

酸质清爽而明亮，一入口就迅速地转为甜
味。高温时有着明显的榛果奶油甜香，中
温时圆润的甜蜜花香成了主调，质地如丝
绸般滑溜细致。

苦味 ──────────▼──────
酸味 ─────────────▼──
甜味 ──────────────▼─
香气 ──────────────▼─
回甘 ──────────────▼─
　　0　　1　　2　　3　　4　　5

炉锅咖啡 咖啡馆里的小革命

☕ 台北市北投区大度路三段 296 巷 39 号　　☎ (02) 2891-5990

☕ 台北市大同区迪化街一段 32 巷 1 号 2 楼　☎ (02) 2555-8225

　　顶着个光头，辨识度很高的卢郭杰和，在开咖啡店之前就常参加网站讨论区的聚会。"那时大家都会带咖啡豆来煮，不管是用烤箱还是爆米花机烘的都可以。只是如果太难喝的话，会被当场倒掉而已。"回想起当时对咖啡的狂热，卢郭杰和脸上挂着止不住的笑容。

　　把台北艺术大学当医学院来读的"大七"那年，他在学校附近开了一家自家烘焙咖啡店。他说："反正房租便宜，又是和展演空间合作，多少会有些客人。"但理想和现实总是有差距，靠着老客人，这家店只能勉强维持着生意。直到 2006 年搬迁到关渡捷运站旁的现址，陆续通过报刊媒体的介绍，店里的生意才逐渐走上轨道。通过两年的时间，烘豆机由 1 千克级升级到了 4 千克级。

　　"开小艺埕店本在计划之外。3 月初去谈，4 月 1 日就开张了，只花了 3 个星期的时间。"除了与关渡店截然不同的客群之外，还有员工管理的问题，让他面临了创业以来的第 2 次挑战。他的妻子依儒，原本从事产品设计工作，婚后想休息一阵，就到小艺埕店帮忙。"我自己比较独来独往，老婆给了我很大的帮助，例如：训练新人、一起成长，谢谢她帮我建立起现在的炉锅咖啡团队。"由于小艺埕店位于迪化街商圈，所以来自世界各地的观光客不少，单品咖啡占

卢郭杰和，39 岁，天蝎座

店长小档案

大学时代开始就对咖啡产生兴趣，时常参加网络同好聚会，从最简易的方法开始接触自家烘焙咖啡。13 年前购入烘豆机，并同时开设自家烘焙咖啡店，与妻子共同经营管理。

销售量的 70% 左右。

化繁为简的冲泡法

店内使用通称为宫廷壶的 Kalita 铜制细口手冲壶，搭配 Kono 胶质滤杯，用 20 克咖啡豆，Ditting 磨豆机研磨刻度 6.5，最后萃取出 220 毫升咖啡液。冲煮过程采用不闷蒸、不断水的手法，总时间约为 1 分

40 秒，是为了配合营业现场出杯频繁的情况。虽是化繁为简，但会配合咖啡豆的烘焙度来调整冲煮水温，依照浅、中、深烘焙，分别是 90℃、85℃、82℃。

依照季节调整烘焙度，夏天稍浅、冬天较深

1 堆满器具的吧台，有一种咖啡实验室的氛围。

2 与木合金工作室联手推出的咖啡壶"la Rosee 露"。

3 贴满各种标签的瑞士 Ditting 磨豆机。

把由 6 种咖啡豆组成的综合配方，精简到只剩 3 种；采取分开烘焙的方式，包括一爆结束的埃塞俄比亚、接近二爆的玻利维亚和哥伦比亚。卢郭杰和说："我喜欢有着花香调性的前段及厚实的中段，后段则富有巧克力余韵。"另外，比较特别的是会按照季节来调整烘焙度，夏天稍浅，冬天则比较深。

1 2 3

他表示，由于以前生豆来源不稳定，所以用较多的品种，从而降低风险；这样就算其中一款缺货，对风味的影响也不会太大。而现在则配合产季来采购，再利用真空包装与恒温仓库来存放，比较能保障品质。

在面对新品种的咖啡豆时，他说："会先确定一条基本曲线，再去微调，把甜蜜点找出来。"他对甜味比较重视，不论烘焙度是深是浅，只要能表现出好的风味，就会拿出来卖。"我不会想保有全部特色。只要烘熟，能体现出产区特色就好。"在烘焙手法上，他觉得大火快炒可以保留比较多的风味。

1 陆续换了几任店猫，目前"执勤"的是小豹。

2 La Marzocco GS3 单孔意式咖啡机，用 20 克咖啡粉分流萃取出 60 毫升咖啡液，用时控制在 30 秒左右。

3 纯饮浓缩咖啡时，能感受到明显的葡萄柚酸质和巧克力余韵。

1 2 3

远赴日本考察，更换新装备

店里原本有两台 4 千克级的半热风式烘豆机，2014 年又添置了 Loring 15 千克级咖啡烘焙机，为此，他还前往日本参观学习及试用了新机器。

咖 啡 大 叔 品 味 时 间

埃塞俄比亚 Nekisse
(Ethiopia Nekisse)

烘焙度约在一爆结束，满是花香味和糖果般的甜感，酸质干净，令人口颊生津

	0	1	2	3	4	5
苦味				▼		
酸味					▼	
甜味					▼	
香气					▼	
回甘					▼	

丑小鸭咖啡
跨越意式与手冲的究极咖啡之道

☕ 台北市中山区合江街 73 巷 8 号　　☎ (02) 2506-0239

对于为什么会成立咖啡师训练中心，黄琳智说："一般自家烘焙咖啡店都只是以销售咖啡豆为主，我更希望的是客人可以轻松地在家煮杯好咖啡，就以咖啡教学为起点，再搭配齐全的周边产品，整个专业教室的框架就这样出来了。"所以目前丑小鸭咖啡以意式、手冲、虹吸式等系统化咖啡课程为主，所有上课得到的咖啡器具和咖啡豆也都在店内有售。

开业初期，原本都是通过网络宣传和学生们互相介绍来吸引客流；在出版了《咖啡究极讲座》这本包含杯测、手冲、意式、拉花等丰富内容的畅销书后，主动来询问的学生变多了，业绩几乎增长了一倍。目前，我们的教室每周都要排 15 节各式课程，以目前的空间利用及师资力量来看，已达到 80% 的使用率。

从在美国学习意式咖啡的扎实基本功，到前往日本观摩咖啡老铺的手冲技法，不难发现黄琳智对于细节与市场发展的面面俱到。他说："在咖啡店上班，往往学习到的是'流程'，却不明白技术本身的来源为何。"所以他觉得丑小鸭咖啡师训练中心和别家最大的不同，是告诉学生为什么会这样，而不是只教设计好的流程。

对于想要开咖啡店的朋友，他建议："要先学会判断、掌握食材的好坏。"以咖啡豆来说，不一定要自家烘焙，但要选择价位合适、品质稳定的，并且在现有的预算考量下，用冲煮技术为咖啡豆加分。

来自东京银座琥珀咖啡的特殊手法

使用法兰绒滤布，18 克咖啡粉只萃取出 50 毫升咖啡液，这是东京银座琥珀咖啡的特殊手法。在丑小鸭咖啡这里，把整套器具都原汁原味地搬了回来，包括关口一郎先生设计的手冲珐琅壶、磨豆机、咖啡杯、盛装咖啡的小铜锅，只为了呈现出高浓度且口感干净的单品咖啡风味。

甜而不苦的深焙"女巫"配方

由具有 SCAA Q-Grader 认证的烘豆师张书华为我们说明店内两款综合配方的内容，分别是 Black Queen（黑皇后）和 Witch（女巫）。

Black Queen 里面有埃塞俄比亚西达摩、哥伦比亚、苏门答腊曼特宁等咖啡豆，采用分开烘焙的方式，烘焙度在接近二爆。张书华说："这款配方豆大多使用在外带吧，用于制作意式咖啡，由于是针对附近上班族口味来调整的，所以酸、苦、甜味的表现比较平衡。"而 Witch 则是由二爆密集临近结束的危地马拉、哥斯达黎加和巴西等咖啡豆组成，烘焙程度较深。"最近几个月我

店长小档案

黄琳智，39 岁，天蝎座

最初以名为"Latte Art 拉花志"的网络博客在众多咖啡玩家中崭露头角，于 2006 年在美国得克萨斯州 Cuvee Coffee 接受系统化的咖啡师训练，并通过 SCRBC 评审认证，曾前往西雅图担任 USBC 技术评审。2010 年在新竹成立丑小鸭咖啡训练中心，2012 年在台北市开设外带吧与训练教室分部，著有《咖啡究极讲座》一书，目前专注于咖啡教学与著书立说。

1　限量版琥珀咖啡杯。

2　Kono 名门滤杯，会根据滤杯
　　的特性来调整冲煮手法。

3　关口一郎先生签名的小铜锅。

4　Sanyo 陶瓷单孔滤杯。

5　Bonmac 磨豆机。

去日本，感受到他们在深烘焙豆上表现出的甜而不苦，所以特别设计出了这款。"他表示，这也是丑小鸭咖啡在烘焙手法上有所突破而带来的好味道。

"我们在烘焙的时候，根据升温曲线的 5 个点来判断，不同的生豆会有 2 ～ 3℃ 的差异，所以在手法上必须做不同的调整。"他认为，通过几个条件就可以轻松掌握咖啡豆的风味，包括前段火力、一爆时间、总烘焙时间等因素。同时他也觉得："咖啡终究是要给人喝的，所以还是要通过杯测来整理分类，或是直接煮上一把就会知道。"

学习烘豆从品尝咖啡开始

　　目前，丑小鸭咖啡的 4 千克、12 千克级烘豆机摆放在新竹总店，台北门店的是 1 千克级半热风式烘豆机，主要用于烘焙教学。对于想要学习咖啡烘焙的朋友，烘豆师张书华建议："先用 1 ～ 2 个月的时间来学习如何品尝咖啡的味道，这样通过控制烘焙曲线，造成酸、苦、甜、余韵等变化时，自己才能分辨出差异在哪里。"

1 2 3
　4 5

| 咖 啡 大 叔 品 味 时 间 | 苦味 | 酸味 | 甜味 | 香气 | 回甘 |

萨尔瓦多圣伊莲娜庄园
(El Salvador Finca Santa Elena)

有明显的热带水果风味，带有柑橘酸和花蜜般的甘甜，让人愉悦。

| | 0 | 1 | 2 | 3 | 4 | 5 |

旅沐豆行 永远走在梦想的前面

☕ 台北市中山区锦州街 416 号　☎ (02) 2503-1005

　　认识张鸿升和安娜是在"咖啡大叔"刚出道的时候。那时的"大直旅沐"可是不少人前往"朝圣"的咖啡店，除了有自家烘焙咖啡和吐司面包，最让人津津乐道的是他们夫妻俩率真的个性。还记得有几次一到暑假，他们就放下店里的生意，带着孩子们去骑单车环岛旅行。

　　回忆起当年初遇的时候，安娜在旁边说道："人生很短，想做就去做，不要后悔！"正因为这样，大家常常猜不到他们下一步的计划是什么。2009 年，他们结束经营了 4 年的"大直旅沐"咖啡，然后做了几个开业辅导的方案，过着流浪咖啡师的生活。

　　6 年前，他们在考察过日本的咖啡店后，以"旅沐豆行"

烘豆室设在店内，以玻璃间隔，让客人能看见烘豆师作业。

店长小档案

张鸿升，46 岁，狮子座

目前和妻子共同经营旅沐豆行，但早在 22 年前他就已投身咖啡行业，并拥有 SCAE AST 考官资格认证，咖啡烘焙 Level 1、2 等多项认证，更具有 SCAA CQI Q-Grader 资格。

这个名号重新出发，目前已有多家门店。我问他，你是怎样复制成功的经验的呢？张鸿升说："其实没有想要复制，我希望每家店都不一样。"他与员工讨论，通过分析所在地条件，来决定一家店要供应的产品，甚至是它的装潢摆设。他说，这样做的目的是增加员工的参与感，也减少店与店之间员工的轮调，让员工能投入到单店的经营中。

旅沐豆行也是 SCAE 咖啡认证教室，从生豆鉴别、萃取、烘焙到杯测都有严谨的教学流程。

对于想要开店的朋友，张鸿升建议："要喜欢跟客人互动，把自己对味道的想法传达出去。"

滤杯流速缓慢，冲出来的咖啡层次感较佳

旅沐豆行在手冲时使用 Kono 滤杯，并且搭配 Hario 电子秤和亚克力手冲组架，选用 Takahiro 不锈钢手冲壶；同时插上温度计来观测水温，配合咖啡豆烘焙度的深浅来调整温度，深焙豆 88℃、浅焙豆 90℃。以 15 克咖啡粉萃取出 250 毫升的咖啡液，前段闷蒸约 30 秒，其间注水时断水一次。

张鸿升觉得，Kono 滤杯的流速较为缓慢，如此就不需要把咖啡粉磨得太细。他说："磨得太细对咖啡豆来说是个考验。"相较于大家常用的 Hario V60 锥形滤杯，用 Kono 滤杯冲出来的层次感会比较好。

余韵悠长的巴哈配方

"我想要让它有持久的余韵，但又能感觉到酸质。"张鸿升谈到这款被命名为"巴哈"的配方概念时说。他采用埃塞俄比亚耶加雪啡 Adulina、巴西 Mogiana、危地马拉山泉庄园、日晒西达摩等咖啡豆来达到他的要求。以混合烘焙的方式，烘焙程度在二爆开始后即关火，滑行 30～40 秒后下豆，失重比为 17.5%～18%。

他说，自己的烘焙升温曲线就像个"躺下来的 S"，刚开始的回温点较低，并通过较短的烘焙时间来保留更多的风味；另外一点很特别的是，他会依照生豆粒径的大小来调整烘焙鼓的转速。

对于新入手的咖啡生豆，他会事先分析它的含水率、颗粒大小等特点，并做好烘豆计划。

臭氧式水洗油烟处理机，解决恼人的烟味

旅沐豆行同时使用 1 千克及 4 千克级烘豆机，供应着 3 间分店所需的咖啡豆。张鸿升认为，4 千克级的机器在保温效果方面较好，要表达出厚实的感觉时就会使用它；而价格较高或是浅烘焙的咖啡豆则由 1 千克级的烘豆机来负责，因为在需要补充火力的时候，它的反应会比较直接。

1　纯饮浓缩咖啡时，能感觉到柑橘般的酸质、奶油般的顺滑，以及核桃香气和黑巧克力余韵。

2　这里的卡布奇诺咖啡有强烈的巧克力风味，容量约为 150 毫升，其中浓缩咖啡为 25 毫升，奶泡温度控制在 60℃ 左右。

3　"古董级"的咖啡机，静置在店内一角，成为装潢的一部分。

4　"Ristretto" 是用 18 克咖啡粉，分流萃取出各 15 毫升的浓缩咖啡，用时大约 18 秒。

5　富士鬼齿磨豆机。

6　直击生豆库房：虽然是从不同的生豆供应商处进货，但还是会利用医药等级的密封罐来分装生豆，放在室温相对稳定的地下室内也更有利于保存。

一般自家烘焙咖啡店最大的困扰，就是在烘焙过程中所产生的烟雾和味道。店家通常会用静电处理机来吸附烟尘，但是关于味道难闻的问题还是无法解决。尤其是在深烘焙咖啡豆的时候，味道更为强烈。

旅沐豆行在静电机的后端，又加装了一台臭氧式水洗油烟处理机，用水雾把残余的油烟溶到水里，并利用了臭氧除味的功能。这样的配置让邻居不再上门提出抗议。

```
1 2 3
  4
5 6
```

无名黑铁咖啡 老城区的旧式浪漫

☕ 台北市中正区和平西路二段 97 号　　☎ (02) 2388-8708

门口摆着两个蓝色汽油桶，一不小心就会跟隔壁的修车行搞混，黑铁咖啡就位于这样的老城区。"原本是要租下另外一间店，结果手脚太慢被抢先一步，那时半夜睡不着，打开租屋网站闲逛，就找了一间最便宜的店租了下来！"但这种急着要开店的心情，邱中弘从没跟人说过。

原本在出口贸易公司工作的他，每天都和锅碗瓢盆这些不锈钢用具"并肩作战"，去美国、德国等，全世界各地到处跑。等到孩子大了，才惊觉怎么都没有时间陪在他们身边。现在，邱中弘一有时间就在咖啡馆门口教孩子挥舞竹剑。

邱中弘委托设计师好友打造出符合老城区的旧式浪漫，利用

邱中弘，49 岁，狮子座

喜爱剑道与古典乐，体型和个性一样圆润饱满。从事咖啡业不到 5 年的时间，就已经广受媒体报道，并获得客人们的好评，现和妻子一同经营黑铁咖啡，闲来无事就在店门口挥舞竹剑。

1-4　利用老式木头窗框拼凑起来的天花板，这样的元素大量使用在了黑铁咖啡的装潢上。

$\begin{matrix} & 2 \\ 1 & 3 \\ & 4 \end{matrix}$

旧窗框、桌椅、木板拼接出天花板跟吧台，但这样还不够，于是他就把一台"古董级"的自行车放在二楼外墙当作招牌。就这样，这家新开的咖啡馆在这里也不会让人感觉到突兀。

我和大家一样好奇，这样的自家烘焙咖啡店怎么能在这个区域生存下来？我直接问邱中弘是怎样卖咖啡豆的。他答："就让客人试啊！有时候忙不过来，没有时间跟客人解释咖啡风味的时候，就会直接包一小份，让客人带回家自己冲。"他觉得只要客人愿意试，就有机会把咖啡豆卖出去。

虽然开店还不久，但是黑铁老板认为自己的生存之道就是"认真"。开店前，他有计划性地跑了很多地方的咖啡店，试着学习别人的优点，找到自己喜欢的味道。他也曾向人学习如何烘焙咖啡。从零开始的他，更懂得勇于尝试和接受新观念的重要性。

完整呈现 Kono 本格派手冲技法

利用日本 Yukiwa M5 不锈钢手冲壶独特的壶嘴设计，完整地呈现出 Kono 本格派手冲技法，重点在于三阶段的不同注水量：点滴、细水柱、粗水柱，将咖啡前、中、后段的风味均匀地分配在一杯咖啡里面。黑铁咖啡使用的是名门滤杯，咖啡粉量为 24 克，可萃取出 240 ～ 250 毫升的咖啡液。

入口就像咬下一口白柚

这款以尼加拉瓜咖啡豆为基底建构出来的综合配方，选用产自安晶庄园的 Paloma。这是种植在海拔 1200 米高山、SHG 等级的咖啡豆，再搭配坦桑尼亚圆豆及墨西哥、危地马拉微微特南果产区的咖啡豆来增加风味，采用分开烘焙的方式。其中 Paloma 的烘焙程度较深，接近二爆，其余的则在一爆结束左右。单喝浓缩咖啡的时候，入口就像咬下一口白柚，酸质明亮而舒服，质地平滑，后段则是悠长的微苦可可风味。

谈到为什么要分开烘焙时，他说："因为我'功夫'不好。"黑铁老板笑到连眼睛都眯了起来。他认为分开烘焙才能掌握不同咖啡豆的特性，如果配方出现了不好的味道，就能马上找出问题在哪里。

稳定性高、适性烘焙的富士皇家

"我还在学习！"开店时就购入的富士皇家（Fuji Royal）1 千克级半热风式烘豆机，使用到现在约有 5 年的时间，邱中弘觉得这台机器最大的优点就是稳定性高。"烘豆师不是魔术师，原本没有

1-2 浓缩咖啡是店内的隐藏单品，是用这台 Rancilio Class9 双孔半自动意式咖啡机煮出来的。搭配 Mahkonig K30ES 定量磨豆机，金属感与拼木吧台有种莫名的融洽感。用 18 克咖啡粉萃取出 45 毫升咖啡液，这并没有出现在菜单上，通常是熟客或外国客人才会点来喝。

3 Kono 虹吸壶和陶瓷滤器，加热源是虹吸壶专用的三口燃气炉，这个在新开的咖啡馆中比较少见。

4 单品咖啡所使用的磨豆机有两种，红色的是富士鬼齿磨豆机，黄色的是 Kono 特别版平刀磨豆机，手冲咖啡和虹吸式咖啡的研磨刻度都是 4.5。

5-6 直击生豆库房：除了要放在综合配方里面的几种生豆，其余的单品种目就像是黑铁老板的"新玩具"。它们来自不同的贸易商，各种品种会不停地轮替，让客人能品尝到更多有趣的风味。遇到老板喜欢的，就会成为该年度的主力商品。

的味道怎么变得出来？"他认为咖啡烘焙就该表达不同产区原本的风味特性，这就是适性烘焙。

富士皇家 1 千克级烘豆机的冷却盘没有旋转搅拌杆，并且与烘焙鼓共用抽风电机，所以要等刚烘好的熟豆冷却完毕，才能进行下一锅的烘焙。

调整烘焙鼓内空气流量的控制阀门在点火器下方。与 3 千克级的转把不同，这台机器的控制阀门是个简单的铁片，推到底就是最小风门，向外拉则是加大风门。

```
  2 3 4
1 5 6
```

 |咖|啡|大|叔|品|味|时|间|

埃塞俄比亚水洗耶加雪啡
(Ethiopia Yirgacheffe WP)

 中度烘焙，酸质明亮，后段会出现苦甜巧克力的余韵；使用虹吸壶冲煮，所保留下来的油脂感让口感更加厚实。

	0	1	2	3	4	5
苦味					▼	
酸味					▼	
甜味			▼			
香气			▼			
回甘					▼	

咖啡玛榭（忠孝店）
美食与咖啡的坚持

☕ 台北市大安区敦化南路一段 233 巷 62 号　　☎ (02) 2721-5252

　　带着丰富的餐饮管理经验转换到自家烘焙咖啡店的"跑道"，身兼多职的张立德说："我想给客人多样化的选择。"所以店里除了咖啡饮品之外，也有意式炖饭、咸派、意大利面、甜点等食品。他对食材要求很高，像炖饭一定要使用意大利米的这种坚持，也延续到了咖啡的制作上，除了向生豆商采购精品咖啡豆外，他也会在烘焙前后进行挑除瑕疵豆的工序。

　　张立德认为，如果单纯只卖咖啡，要耗费很久的时间来培养客人，在考虑到台北市区昂贵的租金与人力成本结构下，这样的经营模式失败率高。"自己做还可以，但往往还要考虑的是员工的薪水。"他说，目前光是两家店的薪水和租金，加起来就要十几万人民币，所以要靠餐点来提升营业额。

　　"单纯来喝咖啡的客人还是不多。"虽然忠孝店有超过 60% 的营业额是靠餐点项目，但他

张立德，48 岁，天蝎座

原本任职于 Hana 铢铁板烧时，就负责店内所需咖啡豆的烘焙工作；从韩制全自动到火车头 3 千克级烘豆机，烘豆大约有 10 年的时间。5 年前，在通化街开设了"咖啡玛榭"这家品牌咖啡店，把原本对于料理的理念与自家烘焙咖啡结合起来，之后又在忠孝东路巷弄内拓展了第二家分店，都获得了不错的评价。

除了盆栽提拉米苏外，水果千层派也是店内的招牌甜点之一（右）。芦笋牛尾炖饭，会用到这种食材的一般供餐咖啡店可不多见（左上）。

还是坚持提供单品咖啡给消费者，并且可以选择手冲或是虹吸式萃取等方式，因为他想要将自己的想法通过这样的咖啡店来实现。张立德说："就像常见的意大利面都是用红白青酱来调味，很方便，却会掩盖掉食物原本的风味，所以在我的店里一律不用这 3 种酱汁。"将咖啡本来的味道呈现给客人，这就是他想要传达的观念。

对于想投身餐饮服务业的人，他的建议是："要有热情，不论是对咖啡还是食物。把握住平衡点，不要一味地用低价来迎合消费者，这样只会把市场做烂。"

根据咖啡豆的特性改变闷蒸时间

使用 Kalita 大嘴鸟珐琅手冲壶搭配 Hario V60 锥形滤杯，冲煮水温约为 90℃，用 20 克的咖啡粉萃取出 250 毫升的咖啡液，并利用大水柱、中心点注水的方式，让它有足够的空间释放出味道。比较特别的地方在于，他会根据咖啡豆的特性来改变闷蒸时间。张立德说："比如牙买加蓝山，我会做二次闷蒸，让整体的味道强一点。"但如果

是日晒豆，则要避免使用这个方法。

以东非布隆迪为主体的综合配方

组成综合配方的咖啡豆以东非的布隆迪为主体，搭配日晒西达摩、坦桑尼亚克里曼加罗、哥伦比亚、危地马拉花神，采取分开烘焙再混合的方式，烘焙程度都在接近二爆。张立德说："因为每一种豆子受热的状况不同，爆裂的时间也不一样。"纯饮浓缩咖啡时，口感顺滑、黏度极佳，并有着丰富的巧克力风味，还有类似椰枣、柳橙般的酸质。

以布隆迪为主体的原因是，他认为，应先用比较平顺，没有太强烈味道的咖啡豆，再用其他种类来弥补不足的部分。"每个产地都有特殊的风味，先把优点抓出来，再把缺点掩盖掉。"他觉得，考虑到消费者接受度的问题，厚度方面不能太弱，香味要有层次，所以浅烘焙的咖啡豆就比较少做。

关于烘焙手法，他说："每分钟稳定的上升温度很重要。"在操作半热风式烘豆机时，张立德的建议是，热能主要取决于热空气的量，过大的风门会让热能流失，无法蓄热。通常他会在一次爆裂前 20℃ 开始，加大火力，让焦糖化现象更加明显，把甜味做出来；而在烘焙快结束时，要避免使用过大的火力，以免咖啡豆的中心被烘焦。

效仿欧美机器的烘豆机

Kapok 1.0 烘豆机，原厂建议单次烘焙量为 0.5 ～ 1.3 千克，烘焙鼓为不锈钢材质，采用双层设计，保温效果良好；控制面板包括火力大小、抽风强弱、恒温设定及温度显示。参考欧规、美系机器的设计概念，热机时有温度恒定装置，加热到预定温度时会自动关火，温度下降时又会自动给火升温，非常实用。风门大小则由主动风速电机来控制，跟一般机器常见的手动阀门不同。

咖 啡 大 叔 品 味 时 间						
		0	1	2	3	4	5

牙买加蓝山
(Jamaica Blue Mountain)

顺滑且扎实的前、中、后段，带有奶油及坚果的香气。

苦味 —— 3
酸味 —— 3
甜味 —— 2
香气 —— 2
回甘 —— 4

COFFEE : STAND UP
即将引爆咖啡立饮风潮

☕ 台北市大安区延吉街 131 巷 33 号　　　☎ (02) 8772-6251

☕ 台北市万华区康定路 263 号（立良二号）　☎ 0966630263

涂乔壹，30 岁，天蝎座

　　就读于高雄应用科技大学时，他便开始在自家烘焙咖啡店工作。2009 年首次参加台湾咖啡大师比赛即入围复赛，后陆续在台北多家咖啡馆任职。2014 年初，与朋友草莓合伙开设 COFFEE: STAND UP 咖啡店，引起了大众对咖啡立饮的话题讨论。

COFFEE: STAND UP 开业不到半年，就以站着喝咖啡引起话题讨论，负责烘豆的涂乔壹说："我们想拉近人与人之间的距离。

现在很多人在咖啡店里都是埋头玩手机或看电脑，我希望能用站着喝咖啡的方式，让客人能和咖啡师或是身边的人面对面聊天。"他把这家店定位在外带咖啡吧和精品自烘店之间，用更亲民、更生活化的方式呈现出来。

在这里除了黑糖，没有其他调味糖浆。很多客人会要求加糖，但在听取了涂乔壹的建议，试喝了咖啡原本的味道之后，大多都会欣然接受。就这样，这家店慢慢地吸引了不少相同调性的客人固定来这里喝咖啡。涂乔壹说，这一点是他从 Coffee Sweet 的高老板那里学来的。

"我大部分时间都在门口挑豆，把有瑕疵的咖啡豆一颗一颗找出来。有不少路过的客人会问原因，我就跟他们解释，因为虫蛀、发霉的生豆会对身体造成不好的影响。"涂乔壹边烘豆边回答问题，同时他也认为，"要先让客人相信我们，才能给他推荐我们觉得好的东西。"

虽然是家小小的咖啡店，还只能站着喝，但涂乔壹和他的伙伴们依然坚持传播正确的咖啡理念给大家。

精准计算时间的冲泡法

哑光黑漆的月兔印手冲壶，搭配 Kono 滤杯，用 20 克的咖啡粉萃取出 200 毫升的咖啡液，冲煮水温控制在 88 ～ 90℃。首先倒入适量热水，闷蒸 20 秒，接下来开始注水，45 秒时中断注水，让液面下降，然后继续注水，直到 1 分 15 秒时开始加大水柱，最后总时间为 1 分 45 秒。咖啡粉的研磨刻度为富士鬼齿磨豆机 4.5 ～ 5。

保留果实香气的烘焙法

用同一种哥斯达黎加咖啡豆做两种不同烘焙度后再混合，分别是一爆开始 3 分 30 秒与 4 分 30 秒；下豆时的温度相同，但却是完全不同的升温曲线和总时间。前者负责前段香气，后者则表现出柠檬皮般的风味。纯饮浓缩咖啡时，质地浓厚，酸质明显上扬，有如柳丁汁般酸甜动人。

开店初期使用二爆密集的曼特宁与危地马拉咖啡豆，把酸

1 狭长形的店面，让大多数客人
　只能站着喝咖啡。

2 店内的空间实在不大，烘焙完
　成后，还要把机器推回店里，
　才能把门关上。

1　2

质拿掉，试图迎合附近上班族居多的区域型客群，但现在已经慢慢调整成他自己喜欢的味道。

　　在手法上，涂乔壹认为："影响风味最大的因素是烘焙度的深浅，烘得越久，挥发性的香气跑掉得越多。烘豆时，我想尽可能保留住咖啡豆本身的香气。"所以他大多将烘焙度定在一爆结束到密集这个区间，以找出酸质、香气、口感的平衡点。

调整火排间距，展现直火风味

　　Mini 500 直火式烘豆机，以单次最大烘焙量为 500 克而得名。除了烘焙鼓的转速可以调整之外，加热火排的间距也可以调整。涂乔壹说："把火排距离调到最接近锅炉之处，我认为这样能完全地表达出直火的风味，在甜度和厚实度上也会更好。"

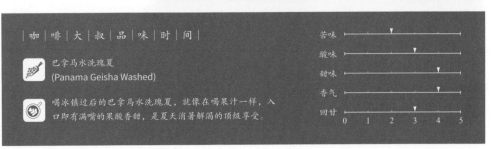

| 咖 | 啡 | 大 | 叔 | 品 | 味 | 时 | 间 |

巴拿马水洗瑰夏
(Panama Geisha Washed)

喝冰镇过后的巴拿马水洗瑰夏，就像在喝果汁一样，入口即有满嘴的果酸香甜，是夏天消暑解渴的顶级享受。

	0	1	2	3	4	5
苦味			▽			
酸味				▽		
甜味					▽	
香气					▽	
回甘			▽			

Uni Café
"毒药"与"棉花罐"的幕后推手

☕ 台北市中正区金门街 15 号　　☎ (02) 2364-0577

王圣一说："烘焙就是要处理好自己与咖啡豆，还有跟客人之间的'三角关系'。"

提起王圣一，大家首先会想到的是有着消毒棉花罐造型的不锈钢咖啡手冲壶。这种壶上市已有五六年的时间，但是咖啡玩家们之间的询问度和讨论热度依旧不减。壶如其人，王圣一也是这种外形与内涵兼具的咖啡师。

"系你不甘嫌啦！"要是称赞他的咖啡好喝，王圣一总是会这样回应。"我心里觉得，店能存活到现在，真的是靠了很多人帮忙。"他这么说的时候，我不确定他的眼角有没有泛泪。刚开始，他选择在人迹罕至的巷弄里开店，原本的想法是，如果撑不下去，大不了就关门。但很多客人喜欢这种风格的小店，还会介绍朋友来。渐渐地，这家店有了基本的客群，一转眼就过了 7 年。

王圣一，41 岁，金牛座

长达 16 年的咖啡与餐饮资历，绝对不是他最值得骄傲的事情。最令他骄傲的，是曾在电影《鸡排英雄》里客串咖啡摊老板，在张作骥导演的《1949穿过黑暗的火花》这部金马影展短片里扮演持刀小兵，还有担任世新大学广播电视电影学系毕业作品《最恶男子》里的男主角。这么"不务正业"的咖啡人，却是近年来几款畅销手冲咖啡周边器具的幕后推手。

从学校拿来的课桌椅，二手烘豆机，意式咖啡机，家用款的小飞鹰磨豆机，从这些不难看出他当初开业时的拮据。"我很佩服那些用最好的咖啡机、周边配备的人。"知道创业的风险，但王圣一没有钱，只好用没有钱的方式来做生意。我来访的这一天，他正好跟几位曾来喝过咖啡的银行职员、主管在聊贷款的事情，听得出来，他的梦想并没有因为店小而有所缩减。

王圣一曾担任过咖啡店员工、店长，也从事过生豆贸易业务，还有经营现在的咖啡器具厂与自家烘焙咖啡店，这十多年来的资历可以说是相当完整。所以他建议，要完成开咖啡店梦想的朋友，必须要了解相关产品的销售和客户服务，这跟煮咖啡是不一样的。除了冲煮、烘焙咖啡这些基本技能外，更要对财务管理、业务销售等方面有所了解。

一气呵成的纯净滋味

用 16.5 克咖啡豆，小飞鹰磨豆机刻度 2.5，萃取出 200 毫升的咖啡液，粉水比为 1∶12。利用自家生产的超细嘴不锈钢手冲壶，搭配 Hario V60 滤杯，不闷蒸、不断水是这家店的特色。或许是由于水柱极细的原因，若按照常用的闷蒸手法，会让咖啡出现焦苦味，但这样直接一气呵成的做法，呈现出的风味竟是意想不到的纯净。

烘咖啡豆就像煮饭炒菜

对于这款有着传统结构的综合配方豆，王圣一是这么认为的："我想让客人找到对过往味道的怀念。"配方内的咖啡豆包括巴西、苏门答腊曼特宁 G1、埃塞俄比亚的摩卡和西达摩，以及中美洲的哥斯达黎加或危地马拉；采取混合烘焙的方式，烘焙程度接近二爆。萃取浓缩咖啡进行纯饮的时候，有着强烈的药草香味，苦味明显，中段酸质突出，余韵转弱。

"对我来说，烘焙咖啡豆就像是煮饭炒菜一样，不要生、不要焦，其他的则是个人的表现空间。"王圣一觉得烘豆师除了应该知道机器的基本功能及操作外，对热交换、焦糖化等概念也应该稍做了解，与实际情况相结合，才能完全掌握咖啡烘焙的节奏。

1 用 16 克咖啡粉萃取出 25 毫升
　浓缩咖啡，店内其余的单品豆
　也能做 S.O. 浓缩咖啡纯饮。

2 Formula 半自动双孔咖啡机，
　由厂商进口意大利零件组装
　而成，在市面上已不常见。

3 免滤纸的不锈钢滤网咖啡滤
　杯，名为"毒药（Poison）"，
　制造出了不少咖啡"中毒"者。

4 直击生豆库房：曾经做过生豆
　批发业务的王圣一，对于库藏
　生豆有种"使命感"。仓库内
　有 70 多种咖啡生豆，几乎涵
　盖了生豆贸易商联杰咖啡这
　几个月来的产品种类。所以虽
　然种类众多，但是单一项目的
　数量其实只有 5 ～ 20 千克，
　各品种轮流上架销售。

5 棉花罐手冲壶，不锈钢材质与
　极细壶嘴的设计，受到许多咖
　啡迷的喜爱。

从芒果咖啡买来的二手机器

　　1 千克级的杨家半热风式烘豆机，是几年前从芒果咖啡买来的二手机器。旧款与新款最大的区别，在于下豆口的固定方式。新款改为了重量槌，以避免旧款因容易误触而让咖啡豆烘到一半就滚下来的情况。另外，冷却转盘与燃气控制旋钮等都有所不同。

```
      3 4
1 2   5
```

| 咖 | 啡 | 大 | 叔 | 品 | 味 | 时 | 间 |

埃塞俄比亚耶加雪啡Kochere G1
(Ethiopia Yirgacheffe Kochere G1)

柠檬！入口时第一个反应就觉得这是杯柠檬汁，细致而明亮的酸质唤醒了整个味蕾，随之而来的甜感也让人畅快无比，几乎没有苦味。中后段在这里已经不重要了，光是这样难得一见的酸甜口感，就值得前来品尝。

	0	1	2	3	4	5
苦味			▼			
酸味					▼	
甜味				▼		
香气				▼		
回甘			▼			

Café Sole 日出印象咖啡馆

老烟厂里的"小确幸"

☕ 台北市光复南路 133 号（松烟文化园区内）　　☎ (02) 2767-6076

　　Café Sole 日出印象咖啡馆，是最早一批进驻松烟文化园区的店家。在这栋古迹建筑里开业，虽说有着无法取代的怀旧氛围，但受限于保护古迹的前提，这里无法使用烘焙咖啡豆的机器。

　　"我建议想开咖啡店的朋友，不要花太多钱，也不要用最好的设备。"陈志铨说完这句话，换来我的哈哈大笑。从店里纯白涂装的意大利 La Marzocco 半自动咖啡机，还有他用来给女儿拍照的佳能 5D2 相机来看，他的这句话真没什么说服力。

　　其实，这是他当初离开宏碁，从与老婆共同经营了 5 年，目前已经歇业的日安咖啡，还有进驻松烟园区 6 年的时间中换来的经验。他认为开咖啡店应该跟设计一样，返璞归真、少即是多，让产品的本质为它自己说话。所以当你来到 Café Sole 的时候，会发现产品的种类很少，甚至没有一般咖啡店常见的调味糖浆果露。关于这一点，陈志铨认为，自家店面小，客人待的时间

陈志铨，43 岁，天秤座

在一本正经的外表下，却有着搞笑艺人的灵魂和不甘寂寞的设计巧手。目前经营的咖啡店进驻了台北松烟文化园区，烘豆工作室另设于淡水。进入咖啡行业约 11 年时间，除经营咖啡馆之外，有时还在创业经验分享会担任讲师。

也短，所以要拿出最值得推荐的咖啡品种，聚焦在主力商品上，从而创造利润。

陈志铨就是这样，在稳定中求发展。他现在只固定每周排一两天班，在店内煮咖啡，其余时间都用来烘焙咖啡豆和开发商用客户。对他来说，店面是稳定的基础，而努力打造品牌，提升企业形象，才是能够将格局扩大的发展方向。

咖啡豆研磨后再次过筛，避免杂味

Bonavita 手冲壶搭配 Kalita 陶瓷滤杯，冲煮时用电子秤来计量；咖啡豆研磨后须再次过筛，避免细粉带来的杂味；水温控制在 91℃，然后把 18 克咖啡粉注水闷蒸 30 秒，用稳定的水流冲煮；中间断水一次，最后萃取出 180 毫升的咖啡液。

1 假日时被游客占据的长廊走道；老建筑被重新启用后，散发出蓬勃的生命力。

2 特别定制的三轮咖啡车，曾在特殊活动或节目拍摄时使用。现为店内的手冲平台，可以在冲煮的过程中，面对面地向客人介绍咖啡的风味和特色。

3 靠窗边的是店内最好的位置，却常被老板当作工作台。

1
2　3

让唾液分泌的美味果酸

综合配方中的咖啡豆包括烘焙程度较浅的肯尼亚 AA，深烘焙的摩卡，还有刚到二爆的哥伦比亚，比例为 1 : 1 : 1。使用 4 千克级半热风式烘豆机，从进豆到二爆的时间约为 15 分钟。"我希望客人喝第一口时就能尝到那种让唾液分泌的美味果酸，接下来才是咖啡本质上的味道。"这是陈志铨对于风味呈现的理念。而且这款配方豆已经使用了很长时间，有时稍微调整了烘焙度，一下就会被熟客发现。

1　店内的座位很少，加上长廊上的座位，也不过 20 多席。

2　用 16 克咖啡粉萃取 25 毫升浓缩咖啡，意式咖啡机的水温设定在 91℃，萃取时间约 24 秒。入口有明显的葡萄柚酸质，中段厚实饱满，余韵悠长。

3　钢筋结构和木制屋顶，是货真价实的工厂风。

4　定量给粉与传统手拨式 Mazzer Robur 磨豆机各一台，适用于烘焙深浅不同的意式配方豆。

5　非常可爱的小熊拉花。

6　热奶泡只加热到 55℃，让咖啡容易入口，咖啡杯容量是 360 毫升。

7　富士鬼齿磨豆机，研磨单品咖啡时使用。

8　纯白钢琴烤漆 FB80，是 La Marzocco 公司 80 周年推出的纪念机种。

3	6 7
1	
2	4	8
5	

最近在钻研极深度烘焙的陈志铨说："最近有客户需要深烘焙咖啡豆，抱怨豆色不够深，所以我尝试利用二次烘焙的方式，除了达到客户的需求外，味道也变得'温驯'许多。但这样的方法会让每次烘焙的时间多出 6 ～ 8 分钟。"虽然这样的手法不常见，但从味道上来说，确实挺不错。

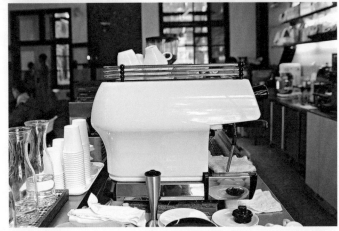

| 咖 | 啡 | 大 | 叔 | 品 | 味 | 时 | 间 |

埃塞俄比亚水洗耶加雪啡
(Ethiopia Yirgacheffe WP)

花香、果香以及令人回味的蜂蜜甜感，忠实地呈现出了耶加雪啡的产地特性。口感干净，温和的余韵让人意犹未尽。

	0	1	2	3	4	5
苦味				▼		
酸味				▼		
甜味			▼			
香气				▼		
回甘			▼			

山田珈琲店 本格派手冲的坚持

☕ 台北市中正区罗斯福路二段 18 号　　☎ (02) 2397-3770

---

8 年前，山田珈琲店选择直接前往牙买加蓝山咖啡豆的产地，在参观过六七个咖啡庄园之后，挑选出喜欢的风味带回台湾，踏出了咖啡事业的第一步。

最早的山田珈琲店并没有对外开放营业，只有一个位于二楼的工作室，主要业务是向自家烘焙咖啡店推销牙买加蓝山咖啡生豆。由于曾经在日本 Kono 学习咖啡，就把咖啡器具也纳入了营业范围。但市场对这个品牌的熟悉度不高，初期在推广上碰到了些困难。"想把台湾没有的东西带进来，不管是器具还是冲煮方法。"山田珈琲店一直认为，Kono 在烘焙和萃取上有着不同的风格，为了让更多喜欢自己冲煮咖啡的消费者认识到这点，店里开始了手冲技法的教学项目，渐渐地打开了知名度。

随着实体店的正式运营，山田珈琲店也把生豆进口的业务引入扩展

山田珈琲店，从 2009 年开始营业，原本以销售牙买加蓝山咖啡生豆为主要业务，近来逐渐增加了 Kono 咖啡器具的销售、冲煮教学、熟豆批发零售等项目，以点滴式手冲技法受到咖啡玩家们的关注，为台湾咖啡业带来了新的潮流。

到了其他产区的精品咖啡豆，像参加最佳巴拿马咖啡的竞标，目的是让产品的种目更加多元化。但随着牙买加蓝山咖啡生豆的产量减少、价格上涨，甚至是品质下降等不利因素逐渐暴露出来，山田珈琲店渐渐地把业务重心转移到了咖啡器具、熟豆批发零售和冲煮教学方面，同时引进了台湾地区第一台由 Kono 研发出来的咖啡烘豆机。

谈到山田珈琲店对于风味的坚持，"我们喜欢的是比较传统的厚实口感，同时也专注于萃取和烘焙。"所以目前在店里，并没有进行一杯杯的咖啡销售，而是以咖啡豆和器具为主，但不论是专程而来还是过路的客人，我们都会很大方地冲煮咖啡，请他们试喝。

对于想要自己开店的朋友，山田珈琲店团队给的建议是："必须要多喝咖啡，知道不同产地的各种风味。经营者要思考的部分，是做出客人与自己都喜爱的味道，而不要过于追求流行，或受到周围环境的影响。"

本格派点滴式手冲技法

忠实传达出 Kono 精神的点滴式手冲技法，注水主要分为 3 段。首先，使用 Yukiwa 宽口手冲壶，以点滴状水流在中心处定点注水，让咖啡粉缓慢地吸饱热水；接着等到下壶内有些许咖啡液时，开始用与正常手冲相同的水柱萃取，绕圈控制在直径约 3 厘米的圆圈范围内。这个阶段的断水次数不定，次数多则浓度高，少则味道分明；最后在快要到达总水量时，换成大水柱补水，但要让咖啡粉接触热水后所产生的细小泡沫浮在表面，这样会让味道显得更干净。冲煮水温约在 88℃，用 24 克咖啡粉萃取出 240 毫升咖啡液。

来自日本京都的配方概念

以"Blend J"为名的综合配方豆，来自于有一次一有位学

1 用点滴状的水流，在中心处持续定点注水，直到咖啡粉全部浸润。

2 用细水柱在中心处持续绕圈，直径3厘米左右。

3 保持双手稳定，以控制水流的粗细。

4 用大水量浇灌咖啡粉，让泡沫维持在液面上方。

1 2
3 4

生带来了一包在日本京都购买的咖啡豆，希望能做出类似的风味。为了重组这个配方，只能先把这包豆子一颗一颗地分类，拆解出组成内容，再经过多次调整烘焙程度，最后才得到令人满意的结果。配方主要由烘焙至二爆结束的危地马拉、接近二爆的日晒耶加雪啡等咖啡豆组成。这个配方有着日晒豆特有的果香调性，兼具深烘焙的独特甜感、微苦，以及香料般的丰富滋味。

山田珈琲店注重的是如何表现出咖啡的甜味，"很多豆子要被烘焙到某个烘焙度，甜味才会被转换出来。"所以在这里，大部分的咖啡豆都以中、深烘焙为主，只有少数品种会烘焙到一爆结束这样的浅烘焙。为了表现出咖啡的甜味，通常会采用较低

1　用密封玻璃罐来保存咖啡豆。

2　两个版本的手冲壶嘴各有特点。广口容易点滴，但要经常练习，细口水柱平稳。而Yukiwa - Kono 特制版手冲壶（细口），最大的差别在于其内部没有挡水板。

3　用咖啡豆装饰盆栽、迷你版咖啡生豆木桶摆放名片，从细节处展现咖啡店的风格。

1　2
　　3

的起始温度，总烘焙时间较长的手法，同时不会有过于急促的升温曲线，因为"要把生豆里的成分转换为香气，需要一定的热量与时间"。如此的坚持，以至于 1 个小时只能烘焙两锅，时间成本相对提高。

台湾第一台 Kono 研发的咖啡豆烘焙机

Kono 3 千克级半热风式烘豆机，由于不开放拍摄，只能用文字叙述让大家有个概念。它整体的造型类似于日系烘豆机的设计，但在很多细节部分做了改进，比如抽风电机的转速可以微调，12 个火嘴的火排距离可调整，以及风口和管道都做了便于清洁的开口。或许是烘焙鼓的材质和设计不同，这台机器降温速度非常慢，所以特别在后方增设了降温用的风扇，以快速降温，而后进行下一锅的烘焙。

|咖|啡|大|叔|品|味|时|间|

 巴拿马唐沛沛庄园
(Panama Don PePe)

 味道干净，余韵甜美，在冷却后能喝到明显的茶感。

	0	1	2	3	4	5
苦味			▽			
酸味			▽			
甜味					▽	
香气				▽		
回甘			▽			

part ❷ | 似在城市又在乡村

新北

菲玛咖啡 "我在做的，是我自己想喝的咖啡。"

Coffish 鱼缸咖啡 "我觉得花钱去上课，学习到的只是一名老师的知识，而你必须看得更多，了解更多才行。"

老柴咖啡馆 "大家先努力找出自己的味道，再混在一起当朋友。要是先混合了，我真不知道该怎么烘它们。"

在欉红 "从国外买精品生豆反而比较简单。"

ATTS COFFEE "单品豆只能表现出烘焙技巧，而综合配方豆却能传达烘豆师对于咖啡风味的整体概念。"

沙贝叶咖啡 "很少跟业界交流，都是自己关起门来做实验，找到自己喜欢的味道。"

易斯特咖啡 "我原本就想要烘焙出无论是做浓缩咖啡还是卡布其诺咖啡都好喝的豆子。"

木木商号 "以意式咖啡来说，均衡度非常重要；单品咖啡则要表现出产区风味。"

菲玛咖啡 做一杯自己想喝的咖啡

新北市永和区仁爱路 300 号　　(02) 8660-8863

　　原本从事美术设计的涂世坤，在开店时对室内设计和所有的印刷品，比如名片、菜单、咖啡豆包装等都亲自操刀。在开工作室与咖啡店的抉择中，他选择的是自家烘焙咖啡这条路，到现在已经有 12 年的时间。"就笨啊！以为咖啡很容易做，笨笨地就开了这家店。"说话直接到让人有点无法招架，他就是这样的个性。

　　在咖啡玩家的圈子里，菲玛咖啡已经是指标性的店家，但他依然自嘲技术没那么好，只是刚好买到了对的设备。"Faema E61 是不错的咖啡机，所以用到现在都没有换掉；这台富士烘豆机也是不错的投资；最近又换了两台磨豆机，非常值。"其实他对于咖啡制作、摆盘装饰、室内装潢、音响等各方面的细节，都有着超乎常人的坚持，常被大家笑称"龟毛"。

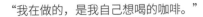

涂世坤，51 岁，巨蟹座

原本从事与美术设计相关的工作，转行后，经营菲玛咖啡已有 12 年的时间，以直火煎焙的浅烘焙风味，受到咖啡迷们的喜爱。

"我在做的，是我自己想喝的咖啡。"

对于会这么要求自己的原因，他解释说："其实从咖啡生豆、烘豆机、磨豆机，再到冲煮设备，都是环环相扣的，只要有一环不及格，后面都很难再去补救回来。"或许，就是因为这样严格的自我要求，让客人们直接在咖啡品质上感受到了这份用心，才使得这家店从开业到现在都没有遭遇过太大的困难。

近几年，涂世坤调整了营业时间，改成下午 1 点才开门，主要是把上午的时间用来烘焙咖啡。在开店初期，有时烘焙工作要到凌晨 2 点才结束，随着年纪渐长，经常熬夜的话身体受不了。另外，原本大受好评的假日早午餐，也悄悄取消很久了，毕竟人力一直只有他和妻子两个人，因而涂世坤便慢慢将营业内容简单化了。

利用水柱流量调整风味的冲泡法

Kalita 铜质手冲壶搭配 Kono 锥形滤杯，用 17.5 克咖啡粉萃取出 170 毫升的咖啡液，冲煮水温 80℃。从冲煮开始就不进行闷蒸的动作，其间也没有中断注水，只通过水柱流量来调整风味；前段使用细水柱，后段使用较粗的水柱，滤纸不先淋湿。

S.O. 比较有趣

以提供单品浓缩咖啡为主的菲玛咖啡,综合配方豆主要提供给购买咖啡豆的客人,只能买回家煮,店里是喝不到的。这款配方中包括巴拿马、水洗和日晒耶加雪啡等咖啡豆,采取混合烘焙的方式,烘焙程度是接近二爆就下豆。"口感温和、好煮好喝、甜味明显,就是这样。"他说自己最喜欢巴拿马豆的风味,耶加雪啡豆只是用来平衡整体风味的。

"S.O. 是比较有趣的!"急着要谈单品浓缩咖啡的涂世坤,走的是浅烘焙路线。当每一袋生豆进来,他都会找出最适合的烘焙点,就这样,使用单一的咖啡豆来制作浓缩咖啡和卡布奇诺咖啡。8 年的时间里,他几乎已经把所有产地的咖啡生豆都试过一轮。他认为,最适合制作单品浓缩咖啡的是中美洲系列咖啡豆,其中更以巴拿马、哥斯达黎加的咖啡豆为佼佼者。

听到我有点质疑单品浓缩咖啡在加入牛奶后的风味表现,他连忙解释道:"只要调整烘焙的手法,就能让咖啡的味道不被牛奶盖过去。"也就是说,当单一咖啡豆本身的厚实度不够的时候,他就会把它分成两个批次去烘焙,一部分处理成香气型,另一部分负责口感,烘焙程度相似,但手法有所差异,烘焙完成后再做混合。

问起咖啡烘焙最重要的是什么,他说:"想法!你想要什么东西,把它烘出来就对了。"目前涂世坤使用的是直火式烘豆机,他想要的是当客人喝下咖啡后,在嘴里有持续很久的悠长余韵。在烘焙手法上,他认为,如果生豆的品质优,就应该保留前段的风味,就是在烘焙过程中,前段脱水的时间要稍微拉长,让风味展现出来。他也提到说:"好的生豆才能滑前滑后(指延长时间),不够好的话,只能在后段和甜度上做调整。"

突出精品豆最优质的部分

购入日本富士皇家 3 千克级直火式烘豆机已有 9 年时间,涂世坤很谦虚地说,自己在近几年才对咖啡烘焙比较有想法。"我们不可能一直用顶级的生豆,所以这几年来,我选择的大多是中价位的产品,利用烘焙,把精品豆最优质的部分呈现出来。"

每次烘焙数量为 400 ~ 2750 克,浅烘焙在 10 分钟内完成,而中、深烘焙则需要 14 分钟。在熟豆下锅完成冷却后,才能继续进行下一批次的烘焙,并需要将机器重新升温后再

1 配备 83 毫米锥式刀盘的 HG one 磨豆机，已经从手摇式改装成电机驱动，负责研磨单品咖啡与浅烘焙浓缩咖啡。右侧红色的为关口一郎先生设计的磨豆机。

2 兼具平刀和锥式刀盘特色的 M3 磨豆机，负责磨制意式咖啡，口感柔顺；加装了豆槽，以及简单却有效率的定量给豆装置。

3 以水力驱动的自动填压器，可以调整填粉压力。

4 用 17.5 克咖啡粉，分流萃取各 30 毫升浓缩咖啡，用时约为 22 秒，萃取温度设定在 92℃。纯饮浓缩咖啡时，有很明显的奶油黏稠感，酸味温和，带有核果调性，味道能在口腔中持续很久。

5 资深店猫卡布，是很少见的苏格兰折耳猫。

1 2 3
4 5

进豆，所以每小时的最大烘焙量为三锅。另外在烘豆机的后端，加装了静电除尘机和水洗去味机，来除去烘焙时产生的烟臭味。

　　排烟和冷却共用一个抽风电机，通过下方的手动阀门来切换。温度记录仪可以把烘焙数据记录在智能手机或计算机上。可以同时显示风温和豆温，通常在烘焙开始时，两者的温度相近，接着风温才会高于豆温。

| 咖 | 啡 | 大 | 叔 | 品 | 味 | 时 | 间 |

哥斯达黎加日晒
(Costa Rica Natural)

蜂蜜、麦芽的甜感很明显，兼有温和的酸质，从早喝到晚都没有负担。

	0	1	2	3	4	5
苦味		▼				
酸味					▼	
甜味			▼			
香气				▼		
回甘					▼	

Coffish 鱼缸咖啡
金牌甜点师的完美演出

☕ 新北市芦洲区永乐街 50 号　　☎ (02) 8282-8350

　　回忆起当初还在工作的时候，余承骏说："原本是跟着团队到新加坡观摩，觉得巧克力组的比赛非常有趣，才兴起了参赛的念头。"在获得巧克力工艺金牌奖的殊荣后，他才着手准备开店创业，"最早只是想做个只有一台意式咖啡机、一个甜点柜的小工作室。"他有点不好意思地笑着说。

　　跟着在三重的老师学习手冲咖啡，他才惊觉，原来咖啡不只有意式的，庄园级的精品咖啡豆和巧克力一样迷人！在甜点方面，他一直秉持着尽可能自己制作的原则。遇上咖啡之后，余承骏发觉，要想掌握咖啡的源头，必须要自己学会烘焙咖啡豆。所以在开业前，

余承骏，31 岁，巨蟹座

经营自家烘焙咖啡店只有 3 年的时间，但他求学时就已开始在餐饮店打工，曾在法乐琪、寒舍艾美酒店等餐饮体系工作。2012 年，他获得了 FHA 新加坡国际厨艺比赛巧克力组金牌奖的殊荣。目前他与哥哥共同经营 "Coffish 鱼缸咖啡"，近来更以精湛的甜点手艺受到瞩目，获得了多家媒体的报道。

他就先购入了烘豆机，在家练习。

问起他为什么会选择在这里开店，余承骏表示："主要是想让芦洲人不用跑到台北，就能享受到这份悠闲。"他成功了，目前 Coffish 鱼缸咖啡在芦洲，无论是咖啡还是甜点，都可以说是首屈一指。

对于想要开店的朋友，他的建议是，先了解自己具备哪些东西。如果什么都没有的话，就先从咖啡开始，多去拜访获得市场认可的店家。他特别强调说："我觉得花钱去上课，学习到的只是一位老师的知识，而你必须看得更多，了解更多才行。因为当你正式开店后，就很少有时间去看了。"

不同滤杯表现出不同风味

Coffish 鱼缸咖啡同时使用两款不同的咖啡滤杯，即 Kalita 土佐、纸版不锈钢滤杯和 Kono 胶质滤杯；分别使用 20 ～ 22 克咖啡粉，研磨刻度在 3 ～ 3.5，萃取出 240 毫升咖啡液，粉水比约为 1 ：12。

余承骏认为，Kono 胶质滤杯能表现出更丰富的味道，但有时会伴随着些许杂味；而 Kalita 土佐和纸版不锈钢滤杯则能表现出层次分明、酸质明亮的风味。客人可以根据自己的喜好来决定要用哪个滤杯冲煮。

如丝缎般的顺滑口感

店内使用的是由肯尼亚 AA、曼特宁、巴西、哥伦比亚等咖啡豆组成的综合配方，烘焙度为中度。纯饮浓缩咖啡时，首先感受到的是如丝缎般的顺滑口感，酸味不明显，但是有明显的焦糖甜感，后段以核果风味为主。

至于接触咖啡烘焙的这 3 年里在烘豆手法上的体会，他说："刚开始是照着别人的方法烘，到达想要的温度前会先关火，让它慢慢地到达温度。后来发现效果不是那么好，就不关火了，温度到了之后直接下豆。"他是通过实际冲煮来判断烘焙状况，再回头修正烘焙曲线的。余承骏的经验是，如果酸味太强烈，就把烘焙时间往后延长，让焦糖化更完整一点；如果风味太甜失去个性，则把前段时间拉长，但总时间不变。

加厚设计的火排观察窗

Coffish 鱼缸咖啡使用的是之前购入的双火排半热风式烘豆机，每次烘焙量为 1 千克。可以发现，这台机器有个很特别的地方，就是在火排观察窗部分做了加厚的设计。和原本的薄铁片不同，它似乎用了颇具厚度的隔热材料。但根据使用者的经验来看，必须自行加装玻璃来隔热，保温的效果才能稳定。

另外，机器放置在有独立隔间的烘豆室。由于空间不足，夏天会有室内温度过高，造成下豆后冷却速度过慢的问题，需额外安装抽风电机来改善。

1　各种款式的不锈钢手冲壶，不同的壶嘴设计会产生不同的水柱流量。

2　Dalla Corte 双孔半自动意式咖啡机，搭配德国 Mahlkonig 定量磨豆机。

1 2

咖 啡 大 叔 品 味 时 间

埃塞俄比亚 Hachira N2
(Ethiopia Hachira N2)

Ninety Plus 的招牌咖啡豆，有着明显的日晒风味，还带有热带水果般的熟果香气。伴随淡雅花香，不喜欢它都难！

苦味
酸味
甜味
香气
回甘
0　1　2　3　4　5

老柴咖啡馆 琥珀色的奇迹

新北市三峡区大观路 113 号　☎ (02) 3501-2656

店长小档案

张若芸，42 岁，双鱼座

7 年前，原本夫妻俩在三峡开咖啡馆。在丈夫李正声去世后，当时对咖啡涉猎不深的她，在咖啡同业者的协助之下，承接起了店务。通过训练员工参加咖啡比赛，举办讲座，她在咖啡专业方面渐渐得心应手，尤其是在手冲咖啡方面，尽得日系风格的真传。

直到这次访谈，我才有勇气在若芸姐面前提起她丈夫声哥的事情，因为我知道，现在的她是快乐的，在工作、生活、家人、伙伴之中团团转，并享受着这份忙碌。

想起当时老柴咖啡馆开张不久，我就上门拜访，有几次和声哥谈起咖啡烘焙的话题，一聊就到了打烊时间才离开。那个时候的张若芸，给我的印象是个怀孕了的老板娘，唯一的工作是负责做松饼。因为声哥对于咖啡很认真，很执着，坚持每一杯咖啡都要亲手制作，所以她没什么机会接触到咖啡。

我笑着对若芸姐说："其实你现在烘的咖啡，比你老公烘的好喝多了。"她连忙解释说："他没什么时间学习，

那时开店也才半年多的时间。"顺着这个话题，我们谈起了经营这家店的经验。她说："以前总是站在'不足'的位置，对自己期望很高，对员工也很严厉，不知道尽头在哪里。"这样的管理方式，导致第一批员工纷纷离职。

知道了没有所谓的完美，她说："有着知足的心意，不管做什么都会赚钱。"现在的老柴咖啡，员工都知道自己要做什么。她也会带着他们走出去，看咖啡比赛，也看别人的经营状况，再回过头来反省、提高。因为知足，所以能享受当下的美好，在这样的氛围下，客人也可以得到满足。

近距离观察咖啡师冲泡咖啡

Kono 本格派点滴式手冲方法，由山田珈琲店的咖啡师亲自传授。用不同流量的三段式注水，整个过程需要极大的平衡感与稳定性。用 24 克咖啡豆，研磨刻度 4.5，萃取出 240 毫升的咖啡液，水温控制在 88℃，整个过程用时 4 ～ 4.5 分钟。

使用的手冲壶是 Yukiwa M5 手冲壶，采用 18-8 铬镍合金制造，有着特殊的广口设计，容量为 750 毫升，相传它是田口护大师常用的一把壶。

1 客人可以近距离观察咖啡师
　工作的独立吧台。

2 Kono 原木握把虹吸壶，搭配
　纸滤器使用。

3 Kono 切割式刀盘磨豆机。

4 用 18 克咖啡粉，萃取出 30
　毫升浓缩咖啡，用时 25 ~ 30
　秒，水温设定在 90℃。

5 Astoria 半自动意式咖啡机，
　滤杯口径为 53 毫米。

1 2 3 4
　　5

而虹吸式咖啡是用 18 克咖啡粉萃取 240 毫升咖啡液，研磨刻度 3。使用 Kono 原木握把虹吸壶，搭配纸滤器。不论是虹吸式咖啡还是手冲咖啡，都在独立吧台进行冲煮，客人可以近距离观察咖啡师的动作，是一种很特别的体验。

先有自己的味道，再来交朋友

综合配方豆是由肯尼亚 AA、耶加雪啡、哥斯达黎加蜜处理等咖啡豆等比例混合而成的，烘焙程度在一爆结束，温度约为 204℃。张若芸说："大家先努力找出自己的味道，再混在一起当朋友。要是先混合了，我真不知道该怎么烘它们。"她这个比喻真是浅显易懂。来自不同产地的咖啡豆有着属于自己的特性，在烘焙时，所呈现出的升温幅度也不相同；分开烘焙时，烘豆师更能把握节奏。

被问到这个配方是怎么产生的，她想了想才说："原本我的

咖啡烘得比较深，但有一次在旅沐豆行喝到浅烘焙的咖啡，觉得怎么会有这么好的'水果'味，所以才挑选了这 3 款充满果香的咖啡豆来组成综合配方豆。"她认为，咖啡是很好玩的东西，以前烘豆的时候过于认真，反而烘不好；现在用轻松的心情来面对，反而能表现出不错的味道。

仿佛看到流星雨的直火烘豆机

直火式烘豆机，从外观来看，和同品牌的 1 千克级半热风式烘豆机并没有太大的区别。最关键的差异点，要从下豆口往内看。可以看到烘焙鼓的锅壁上是有洞的，孔径很小，为的是防止生豆掉落。但在烘焙过程中，所产生的银皮碎屑还是会如雪花般落下，经下方的燃气火一烧，仿佛流星雨一般，星光点点。

烘豆机的操作手法大同小异，但不同烘豆机所表现出来的风味还是有微妙的差别。

| 咖 | 啡 | 大 | 叔 | 品 | 味 | 时 | 间 |

埃塞俄比亚日晒耶加雪啡沃卡
(Ethiopia Yirgacheffe Worka DP)

带有明显的熟果香气和发酵味，是很标准的日晒耶加雪啡风味，麦芽甜感和后段的核果风味很让人喜欢。同时还提供冰、热两种温度的风味，非常用心。

苦味
酸味
甜味
香气
回甘

0　1　2　3　4　5

在欉红 台湾咖啡研究室

☕ 新北市新店区北新路三段 213 号 1 楼（台北硅谷 II 大楼内）　☎ (02) 8911-5226 #133c

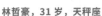

林哲豪，31 岁，天秤座

店长小档案

两届世界杯烘豆大赛教练、SCAA Q-Grader 杯测师资格认证、在欉红与台湾咖啡研究室创办人、台湾咖啡协会理事。诸多头衔代表着他对咖啡世界的热情与无止境的探索。他从学生时期在精品咖啡馆打工开始，至今入行已有 13 年。

以当地水果制作手工果酱闻名的"在欉红"近年来涉足咖啡领域，其幕后的推手林哲豪于求学时期，就曾在台北知名手冲咖啡馆——"湛卢咖啡"打工。问到当时他怎么不开咖啡馆，而是去卖果酱，他说："经营咖啡店要获利并不容易，所以做了这行之后，反而不想开。"那时就读于台湾大学园艺系的林哲豪，与伙伴选择从当地盛产的水果入手，尝试着制作出能被大家喜欢的手工果酱，并将品牌取名为"在欉红"，用闽南语读，就是水果在树上成熟后才被采收的意思。

"我们试过上百种水果，发现香气浓郁的最适合做成果酱，比如红心番石榴、菠萝、百香果等。"目前在欉红固定销售的手工果酱有 10 ～ 20 种，并随着季节而变换。

而他与台湾咖啡豆的相遇，是在 2012 年。当时有位原本在台中新社种植桃子的朋友，受到进口水果冲击再加上产季时库存压力大的影响，就砍掉桃树，改种咖啡树，采

收后拿来与林哲豪分享。种植过桃子的土地孕育出来的咖啡豆，竟然有股淡雅的香气，让他为之惊艳。

遍访台湾的数十个咖啡庄园，采购生豆，并销售给自家烘焙咖啡业者，在欉红成了农民与烘豆师之间的桥梁。问他说，台湾这么小，业者直接从农民那里买不就好了吗？林哲豪笑着表示："其实直接进口精品生豆，反而比较简单。"因为在台湾种植咖啡豆的农民们，普遍有着只卖熟豆，或生豆瑕疵太多等现象。不是不好，也不是存心欺骗消费者，而是他们对于精品咖啡豆的认知与业界还有落差。

在欉红的精神是不议价格，只议品质。如果采购的农产品有瑕疵，会先跟农民充分沟通；甚至样品和现货有落差，都会退货。"常因为这样而惹火朋友，但为了提升品质，也是没有办法的事情。"林哲豪有些无奈地说。在欉红目前固定和 10 个庄园合作，每年的采购量约 3 吨。

2013 年，台湾咖啡研究室成立，每一季都会有 SCAA 认证教学课程，以及欧洲精品咖啡协会 (SCAE) 的相关认证，不定期举办不同产区的咖啡杯测会。本身就是 Q-Grader 杯测师的林哲豪，在 2013 年江承哲、2014 年赖昱权两位烘豆师参加世界烘豆大赛时，担任他们的教练。当时他们分别获得了亚军和冠军的优异成绩，林哲豪这个幕后推手功不可没。

视咖啡豆新鲜度决定冲煮时间

使用 Kalita 经典款铜壶搭配 Hario 铜制滤杯，先将 20 克咖啡粉过筛后，剩下约 16 克，用 90℃ 的热水进行萃取。闷蒸时间约为 30 秒，接下来的冲煮时间为 2 ～ 2.5 分钟，视咖啡豆的新鲜度而定。注水期间断水一次，最后萃取出 240 ～ 250 毫升咖啡液。

只用台湾咖啡豆的综合配方

只销售台湾咖啡豆的在欉红，使用烘焙到一爆结束，有着龙眼干和香料风味的屏东大武山咖啡，与烘焙度略深，具有巧克力和焦糖调性的阿里山石棹咖啡，混合在一起，组成综合配方豆。纯饮浓缩咖啡时，可以感受到前段的酸质很突出，像是多汁的柑橘一样，略带些许柚子皮风味，

1 店内使用、销售来自台湾不同
　产区的咖啡豆。

2 意式咖啡使用 Astoria 半自动
　咖啡机制作，滤杯口径 53 毫
　米，口感较浓郁，质地较黏稠。

3 意式 Gelato 冰淇淋是在欉红
　于 2014 年夏天强推的食品。

4 灯笼果果酱。

口感浓郁，黏稠度很好，余韵回甜。

　　在欉红的现任烘豆师说："我们目前使用的是电热式火源，不能控制火力，所以只能在大火的状态下进行烘焙；风门则较小，只有一半。"至于下豆的时机，是在一爆结束时通过味道来做判断，颜色和时间是次要条件，计时器也只是个参考。

　　"让热量均匀透进豆子里！"要达到这个目的，烘豆师一开始会让风门全开，等到咖啡豆的颜色从黄转到褐色时，就把风门关上一半，直到下豆。他认为这样咖啡的味道才会延展开来，焦糖化也明显；但有时会不小心做过头，导致风味变得贫乏单调。

不使用明火的土耳其烘豆机

　　土耳其制造的 Topper 烘豆机，采用电热式加热，适合在禁止使用明火的场地烘焙咖啡豆。排烟铝管比较特别，是特地这样接的，目的是为了避免强制抽风而造成的风味流失。

1 ｜ 2 3 4

｜咖｜啡｜大｜叔｜品｜味｜时｜间｜

台湾阿里山石棹咖啡
(Taiwan Alisan)

有明显的茶感，以及洛神花、哈密瓜般的酸甜感。

	0	1	2	3	4	5
苦味			▼			
酸味				▼		
甜味					▼	
香气			▼			
回甘		▼				

ATTS COFFEE 与东京同步的美味

新北市板桥区文化路二段 182 巷 7 弄 3 号　　☎ (02) 8252-1701

2008 年时，伊藤笃臣为了亲眼看到长在树上的咖啡浆果，特地造访阿里山。原本在日本星巴克工作的他，第一次喝到了浅烘焙的咖啡；也是这一次的旅程给他留下了这样的印象："中国台湾产的咖啡真好喝！"

他在日本星巴克咖啡工作了约 5 年的时间，为了和父亲伊藤邦夫来中国台湾圆他的咖啡梦想，伊藤笃臣除了取得日本精品咖啡协会 (Coffee Meister) 的认定，也曾在表参道大坊珈琲店锻炼手冲技巧，更向堀口珈琲的首席烘豆师大泷雅章先生学习，精进自己的烘焙手法。

2011 年，ATTS COFFEE 在板桥开张，引起不少关注。"开咖啡店是我爸爸退休后的梦想，我的梦想则是把中国台湾的咖啡推向世界。"在协助父亲的咖啡店步入轨道后，伊藤笃臣和妻子继续追求属于自己的天空。目前他除了每周会在店内烘焙咖啡豆，其他大部分的时间都在推广他的"Alisan Project"产品。

伊藤笃臣，37 岁，天蝎座

　　这位立志要将中国台湾的咖啡带向全世界的男子，来自日本东京。他曾在星巴克工作了 5 年的时间，但却在自家烘焙咖啡找到了另一片天地。拥有日本精品咖啡协会（Coffee Meister）资格认定，并向堀口珈琲首席烘豆师大泷雅章先生学习咖啡烘焙。目前协助父亲经营 ATTS COFFEE，同时管理"Alisan Project"品牌。

　　除了找来日本设计师朋友为"Alisan Project"这个品牌设计形象、包装，伊藤笃臣还通过各种渠道来促进产品销售，比如在松烟诚品、富锦树、四四南村的好丘进行推广，甚至远赴台东的咖啡馆从事咖啡教学。只要是能让更多人看见中国台湾咖啡的机会，他都不放过。

　　谈到来中国台湾创业这几年的感想，伊藤笃臣说："讲中文真的很难，尤其是想说咖啡的事情的时候。"这几年，靠着上课和自学，其实以他的中文水平应付一般沟通已经没有太大问题。下次再遇到他的话，记得帮他加油打气！

闷蒸

　　使用 Tiamo 宫廷手冲壶搭配 Hario V60 陶瓷滤杯，水温控制在 85 ～ 88℃，滤纸不提前浸湿，直接进行冲煮。问到这里的时候，伊藤笃臣教了我们一个日文单字"蒸らし（むらし）"，也就是将咖啡粉先用热水浸润，静置让其"发展"，中文叫作"闷蒸"。闷蒸 20 秒后开始萃取，用 15 克咖啡粉冲煮出 180 毫升的咖啡液，粉水比例是 1：12。照片中，伊藤邦夫正在为我们手冲咖啡，虽是常见的手冲壶，但是壶嘴处稍做了改造，目的是让水柱变细。

浅、中、深三种烘焙度的三款综合配方豆

　　店内主要提供的 ATTS 综合配方中包括哥伦比亚与巴西咖啡豆，两者各占一半的比例；采用中、深烘焙，用哥伦比亚咖啡豆来平衡前、中、后段，搭配有丰厚油脂感与核果风味的巴西咖啡豆，是一款简单却实用的组合。另外还有两款配方，一款强调果酸，用危地马拉与埃塞俄比亚咖啡豆做浅烘焙；另一款是主打巧克力风味的深烘焙配方，包括了卢旺达、曼特宁及哥伦比亚等咖啡豆。

至于为什么会有这么多种配方，伊藤笃臣说："单品豆只能表现出烘焙技巧，而综合配方豆却能传达烘豆师对于咖啡风味的整体理念。"

在烘焙手法上，他认为，一开始的"脱水"阶段，也就是把水分除掉的这个过程最为重要。在烘焙完成后，他会通过杯测的方式来鉴定咖啡风味。如果有让人不舒服的味道，则会去思考在烘焙过程中出现了什么问题，在下次烘焙时做出修正，如此反复地来验证自己的手法。

1 浓缩咖啡的制作，是用 13 克咖啡粉萃取出 30 毫升咖啡液，用时 18 ～ 24 秒。

2 用枫糖及手冲咖啡制成的糖浆是近来大受好评的独家产品。

3 店内的餐点都是由母亲伊藤加代子负责，有非常地道的日式风味。

$$\begin{matrix} & 2 \\ 1 & \\ & 3 \end{matrix}$$

用本地烘豆机烘焙本地咖啡豆

ATTS COFFEE 使用的是中国台湾产的 4 千克级半热风式烘豆机，放在用透明玻璃做间隔的工作区。伊藤笃臣表示，当初因为考虑到预算，所以选择了这个机型；按目前应付批发与零售的业务量来看，已经足够。

| 咖 | 啡 | 大 | 叔 | 品 | 味 | 时 | 间 |

埃塞俄比亚水洗耶加雪啡
(Ethiopia Yirgacheffe WP)

有着明显的蜂蜜甜味和茶感，几乎没有酸味。平顺、柔和应该是日系咖啡店主张的调性。

	0	1	2	3	4	5
苦味			▼			
酸味		▼				
甜味				▼		
香气				▼		
回甘				▼		

沙贝叶咖啡
跳出三界外，不在五行中

☕ 新北市淡水区新民街 196 号　　☎ (02) 2623-1388 / 0910-066-181

店长小档案

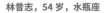

林昔志，54 岁，水瓶座

前广告公司负责人，
现为"任性"的咖啡人。

原本是广告公司的负责人，林昔志当初只是想经营副业，所以选在这个地点开设餐厅。那时候店内有五六名员工，经营了 5 年，平均每个月却要赔上万元，他只好选择结束生意。后来购入烘豆机后，开始专营咖啡。"总觉得自己还没准备好，所以到现在都还没有名片和招牌。"他谦虚了，其实沙贝叶咖啡独特的风味，早已经在业界和同行间广为流传。

"很少跟业界交流，都是自己关起门来做实验，找到自己喜欢的味道。"林昔志对于生豆品种的追求可以说是相当疯狂，库存达 60 多种、数百千克，但多以真空包装的方式来保存，避免破坏风味。而烘焙好的咖啡豆，他坚持只用 14 天，宁愿做成冰滴咖啡，也不会在架上出现。正因为这样的坚持，有不少外地的客人也请他帮忙邮寄咖啡豆。

沙贝叶咖啡除了林昔志这个老板之外，只有一个领薪水的兼职生，但却常常可以看到不同的人在吧台里冲煮咖啡。"这些都是熟客。我教过他们怎么冲煮咖啡，目前大概有 7 个人，我不在的时候可以代班。"真的很有趣，他说这里的客人绝大部分都是男生，认得出来的熟面孔大概有 80 位，每年会多出十几位，只有假日的时候才有外地客人上门。

随性自在的风格，让客人们来到沙贝叶咖啡就像是回到了自己的家。各式各样职业的人们，都在这里自然地聊天，逗个猫、抽根烟，大半天的时间就过去了。

仅此一家的闷蒸绝活

手冲咖啡使用 26 克咖啡粉萃取约 310 毫升咖啡液，Kalita 磨豆机研磨刻度 4.5，浅烘焙咖啡豆的冲煮温度控制在 92℃，中烘焙则在 88℃，搭配的是 Takahiro 不锈钢手冲壶和 Kono 滤杯。

非常特别的是在闷蒸阶段的手法。采取分段预浸的方式，将咖啡粉分次倒入滤杯中，右手执壶注水，左手分次倒入咖啡粉，依次注水，每次闷蒸约 5 秒。林昔志说："这样可以让咖啡粉均匀地吸收水分，不会有粉水分离的现象。真要说缺点的话，那就是会把味道萃取得太完整。"

风门可以不开

以单品手冲咖啡为主的沙贝叶咖啡，每个月还会烘焙 2～3 款不同配比的综合配方豆，都是采用先混合再烘焙的方式。林昔志说："分开烘的变因过大，复制困难，这些配方通常作为店里教学训练测试和加牛奶时使用。"像这款配方就综合了哥伦比亚 MDLS、埃塞俄比亚日晒、巴西达特拉等咖啡豆，能表现出巧克力风味与酒香。他觉得，没有相抵触的味道，才能在一个配方里共存。

"风门也是可以不开的啊！"没有所谓的闷蒸、脱水等动作，按照质地的软硬做判断，分成皮层和肉层的概念，把生豆当成谷物来看待，跟我们所认知的烘焙方式截然不同。多以极浅烘焙为主，强调的是要突出前段的香气，但豆心一定要熟透。完全靠着自己摸索与实验的林昔志，终于找到属于自己的烘焙手法，一般人很难复制。

1 店内也有虹吸式咖啡、
　 冰滴咖啡。

2 店猫。

3 Kalita NiceCut 磨豆机。

1 2 3

烘焙好的咖啡豆隔天就上架使用，超过 14 天就拿下来，这是林昔志对咖啡品质的坚持。

自己改造的烘豆机

看起来是 1 千克级半热风式烘豆机，但已经做了许多改装。他将固定排风阀门的螺丝卸下，让它可以完全密闭，这样排烟被阻断，最末端的集尘筒也派不上用场，所以银皮都会留在烘焙鼓内。问起这样要怎么判断生豆的烘焙情况，林昔志说："水汽会从这个地方流出来，从味道的酸感来判断。"果然像他说的一样，排气阀门正下方处还残留着水痕。

烘焙鼓，也就是内锅，被整个拆了下来。一圈一圈的铜线缠绕上去后再焊紧，以增加锅炉的蓄热能力和密闭效果，但却因此重量大增，被迫要更换轴承和电机，不然就无法顺利转动。也因为这样的设计，所以要定期倒入生豆，不开火空转，以清除烘焙鼓内残留的银皮碎屑。

咖 啡 大 叔 品 味 时 间

埃塞俄比亚日晒耶加雪啡雾谷
(Ethiopia Yirgacheffe DP Misty Vally)

有明显的花香，香水调性，酸质温和，这是令人魂牵梦萦的一杯。

	0	1	2	3	4	5
苦味	▼					
酸味				▼		
甜味				▼		
香气						▼
回甘				▼		

易斯特咖啡
追求平衡的完美配方

☕ 新北市永和区得和路 106-1 号　☎ (02) 2945-1611

"想起第一次喝到 Nekisse 精品咖啡的时候，真是'吓傻'了我！"刘得逸原本就职于知名连锁咖啡店，他计划在工作的同时，学习开店的相关技能。他有一次在一家自家烘焙咖啡馆喝到了用埃塞俄比亚日晒咖啡豆冲煮出来的咖啡，浓郁的热带水果风味让他惊讶不已，于是想找出重现这种味道的方法。

在参加了烘豆机设计者张进源举办的讲座后，他深深地觉得："这样的咖啡，和我想象的不一样。"所以他决定辞去工作，利用这个位于永和老社区巷弄内，原本是父亲开文具外销贸易公司的店面，直接开起了自家烘焙咖啡店。

开业的初期生意并不好，社区型的商圈平日里人流量较小，假日虽然会客满，但在没有限制消费时间的情况下，客人往往一坐就是两三个小时，周转率不高，导致业绩没什么起色。想起这些，刘得逸略带无奈地笑说："做咖啡真的很难赚钱啊！这是条很辛苦的路。"

刘得逸，37 岁，处女座

把咖啡当成工作，认为冲浪才是生活的率性男子，每逢假日一定会前往头城海边冲浪，给人健康帅气的印象，曾为日系知名服饰代言。开业 6 年，之前曾短暂就职于连锁咖啡店，却在自家烘焙咖啡的世界里找到了乐趣。

所以他建议，在开店前就要先计划好主要想做的是怎样的客群。虽然开店后的想法会有所改变，但秉持着想要分享喜欢的味道的初衷，与同行交流，并且听取客人的意见，一家有着个人特色的咖啡馆就会慢慢成形。

粉水比 1：9，凸显浅中焙咖啡豆的特色

刘得逸认为，使用 Hario 电子秤和亚克力手冲架，在训练新进员工或是修正咖啡风味时，能有更确切的数据可供参考。用 17 克咖啡豆，将富士鬼齿磨豆机刻度调至 4.5 后研磨，再配合 Kono 名门滤杯，一开始注入 20 毫升热水，闷蒸 10 秒钟，接下来持续注水，中间断水一次，直到萃取出 150 毫升的咖啡液为止。将近 1：9 的粉水比，让前中段的特色比较明显，这也是店内单品大多是浅、中烘焙的缘故，味道集中而突出，希望让客人喝一口就能记住。

获得美国 Coffee Review 高分评鉴的综合配方

改良自曾在美国 Coffee Review 评鉴网站、获得 91 分的综合配方豆，有烘焙到二爆的巴布亚新几内亚，二爆之前的哥斯达黎加、日晒耶加雪啡，一爆结束后 30 秒的水洗耶加雪啡。4 种咖啡豆分开烘焙后，再以一定比例混合。

这个配方是怎样被构建出来的呢？他说："我原本就想要烘焙出无论是做浓缩咖啡还是卡布其诺咖啡都好喝的豆子。"刘得逸自己喜欢像是卢旺达这种非洲豆的柑橘调性，还有日晒耶加雪啡丰富的热带水果气息，所以没有用那种烘不好就容易产生强烈而复杂口感的曼特宁，而是选择相对干净的爪哇阿拉比卡种或是巴布亚新几内亚咖啡豆来当作主轴，最后再用哥斯达黎加咖啡豆扮演均衡整体风味的角色。

而配方内容会修改的主要原因，除了原本负责主体风味的爪哇阿拉比卡种咖啡豆缺货之外，就是被水洗耶加雪啡取代的卢旺

达咖啡豆出现了品质不稳定的情况。在烘焙手法方面，他认为，适度调整一爆开始到密集这个区间的风门大小，同时减小火力，就能让咖啡风味更加丰富。

另外还有一款获得 93 分的花果森林配方，呈现出丰富的果酸调性。刘得逸会不定期地把烘焙好的咖啡豆送去 Coffee Review 评测，期待下一次有更好的表现。

少见的独立冷却槽抽风系统

这台有着双火排控制的 1 千克级烘豆机，是台湾贝拉贸易代理的畅销机种，售价只有其他进口品牌的 1/3，还能够连续烘焙，这两个相当大的优势是不少自家烘焙咖啡店选择它的原因。独立的冷却槽抽风系统，在烘豆机中是少有的设计，让使用者能够在进行烘焙时，同时冷却，省掉等待的时间。要控制烘焙鼓内排气量的大小，可以利用手动式转盘来调整，但由于没有明确的刻度，这部分就得凭经验来判断。

1 店内主要使用 Anfim 平刀式磨豆机来研磨配方豆，而另一台 Mazzer Kony 锥刀式磨豆机则用来研磨制作单品浓缩咖啡的豆子。

2 直击生豆库房：摆在冲浪板旁边的是 Haier 牌红酒柜，里面放的不是红酒，而是咖啡生豆，目的是通过常温储存来保证生豆品质。刘得逸说，他在选购咖啡生豆时首先考虑的不是价格，而是瑕疵豆的百分比，并且会在烘焙前再次挑除虫蛀、发黑的瑕疵豆。

1 2

咖 啡 大 叔 品 味 时 间

埃塞俄比亚水洗耶加雪啡
(Ethiopia Yirgacheffe WP)

干净，是我对它的第一印象。随之而来的是像葡萄柚、柠檬般的酸味，很是讨喜。中段饱满，余韵略带巧克力味，能感受到这几年刘得逸在烘焙咖啡豆方面的进步和用心。

苦味、酸味、甜味、香气、回甘 0 1 2 3 4 5

木木商号　咖啡，才刚刚开始

☕ 新北市板桥区三民路二段 62 号　☎ (02) 2959-6969

林政乔，35 岁，狮子座

半工半读时期就在连锁咖啡店兼职，之后在自家烘焙咖啡馆工作。自行创业前已经有将近 5 年的咖啡从业资历，现于新北板桥经营"木木商号"，至今已有 4 年。曾获得2011 年台湾咖啡大师比赛第7 名的成绩。

从高中开始就上夜校的林政乔，其实做过不少工作。他回想起当时说："或许是我们这一代孩子比较没有经济压力，因而常常很难认真地投入一个工作，除非你对这个东西是有热情的，所以那时我就想找个自己喜欢的工作。"

他先从连锁咖啡馆了解到产业的概况，接下来想要进一步地成长，便转向着重专业技能的自家烘焙咖啡店，随后陆续积累了水岸咖啡、立裴米缇、Fika Fika Cafe 等知名店家的工作经验，这些对于他建立自己的咖啡风格等方面有很大的帮助。在受到老板的鼓励后，他初次参加以意式咖啡为主的台湾咖啡大师比赛，就获得了第 7 名的好成绩。林政乔认为，参加比赛是对自我的考评，可以知道自己不足的地方。

后来他在开店创业时得到前任雇主的帮助，前任雇主将价值十几万的全新意式咖啡机无偿地借给他使用。林政乔语带感激地说："一个人能做的事情有限，不管

是在资金上还是在其他方面，如果能找到想法接近、可以一起努力的老板，把咖啡的美好推广给更多人知道，其实就算不开店，也是很棒的事情。"可惜因为职务上的调整，当初的设想没有完成，后来他选择在自烘店竞争没有那么激烈的板桥区开店，继续为推广精品咖啡而努力。

开店之后，他感觉到："其实很多问题，是开店前不知道的。比如我们刚来这里的时候，不管是自己还是别人烘的咖啡豆，怎么煮都不够好喝。"于是他不断地调整冲煮和烘焙手法，甚至在滤水设备与水质上动脑筋。同时，面对原本习惯"超商咖啡"的当地消费者，特别推出了外带咖啡优惠价的模式，让自家烘焙的精品咖啡不再那么"高不可攀"。

通常对于想要开咖啡店的朋友，他都会先用劝退的语气问："真的确定吗？不要那么想不开。"他认为成功的秘诀，在于要很清楚地知道自己要提供给客人的是什么东西，核心价值必须很明确。在没有充足资金的状况下，只能以时间当作资本，耗费体力来换取报酬。

新鲜的咖啡豆，闷蒸时间较长

林政乔习惯使用 Hario V60 新版玻璃滤杯搭配 Kalita 不锈钢手冲壶，直接用双层玻璃杯盛接，最下方用电子秤计量。15 克咖啡豆，富士鬼齿磨豆机研磨刻度 3.5，注水总量为 200 毫升，冲煮温度控制在 90℃。首先注入约两倍粉重的热水进行闷蒸，闷蒸时间视咖啡豆的新鲜度和烘焙程度而定，较新鲜的咖啡豆闷蒸时间较长。接着持续注入热水，其间断水两次，以水位不要漫过咖啡粉初次膨胀时的上限为准。

意式咖啡首重均衡，单品咖啡则强调产区风味

木木商号所使用的综合配方豆，包括危地马拉安提瓜、埃塞俄比亚日晒和水洗耶加雪啡咖啡豆，采取混合烘焙的方式，烘焙度在一爆完全结束、二次爆裂之前。谈到配方组成的概念，林政乔说："我个人喜欢水果般的香气，所以用比例还蛮高的耶加雪啡咖啡豆当作主体，但同时需要兼顾到口感，因而会另外选择风味上比较接近的中美洲系咖啡豆，做一个混合。"烘焙完成后，会养豆 10 天以上再使用。纯饮浓缩咖啡时，酸质细致明亮，且穿透力强劲，能让人感受到明显的蜂蜜甜感，质地厚实。

聊到咖啡要怎么烘焙才会好喝，他认为："以意式咖啡来说，均衡度非常重要；单品咖啡则要表现出产区风味。"所谓意式的均衡度，是说像使用耶加雪啡这类咖啡豆时，厚度方面的表现力会比较薄弱，所以通过烘焙的方式来提升口感，但有时这样做会牺牲掉部分的香气。

1 店猫 MuMu 有着俏皮的折耳，温驯的个性非常受客人喜爱。

2 La Marzocco Linea 半自动意式咖啡机。

3 用 20 克咖啡粉，分流萃取出各 25 毫升浓缩咖啡，时间为 22～28 秒，冲煮温度是93.5℃。但此咖啡机冲煮把手内的滤杯有更换，是购自浓缩咖啡 Parts 网站的产品。

1
2　3

至于烘焙手法，则会通过调整机器的排气风门和控制烘焙时间，来达到提升口感的目的。通常在烘焙量一定的情况下，火力的强弱是相对固定的。

看起来不太专业，但稳定度出奇的好

在开业之前就已经购入的 Cube 500 小型直火式烘豆机，这个版本的排烟和冷却共用同一个抽风电机，所以另外用冷却槽来负责冷却烘焙完成的咖啡豆。抽风电机的转速可以调整，是这台机器在设计方面比较有趣的地方，所以在烘焙时，是通过控制抽风效能来达到味道的修正，而不是通过调整风门大小。虽然机器的各个部件看起来不那么像专业化生产的产品，但是它的稳定性却出乎意料的好。

咖啡大叔品味时间

埃塞俄比亚日晒耶加雪啡莉可合作社
(Ethiopia Yirgacheffe DP Reko)

饱满的茉莉花香气，水果甜感极佳；舒服的柑橘系酸质，前、中、后段的平衡感也非常好。

苦味　酸味　甜味　香气　回甘　0 1 2 3 4 5

part ③ | 唾手可得的
世外桃源

桃园

咖啡先生 "先让客人认同你的咖啡，就算他原本喜欢喝深烘焙咖啡也无所谓；之后再慢慢让他了解浅烘焙咖啡的滋味。"

新竹

翔顶咖啡 "单品咖啡都是以一冰一热的方式出杯，所以要兼顾两者的口感，让客人饮用起来感觉舒适。"

墨咖啡 "通过记录来重现好的味道，是非常重要的。"

Piccolo Coffee "用一款豆子当主轴，再搭配其他豆子，补足添加牛奶后不足的风味。"

苗栗

OLuLu 咖啡 "你希望它达到什么样的味道，在烘焙的时候就要想好。"

台中

珈琲院 "烘咖啡就跟练功夫一样，不是按照秘籍上的招式比画一下，就可以说你学会了。"

咖啡叶 "烘焙本身是很简单的，比较困难的是怎么去修正。必须要建立在自己会喝咖啡、煮咖啡的基础上，才能烘好咖啡。"

The Factory- Mojocoffee "如果用看起来很'蠢'的方法，却泡出了很好喝的味道，客人就会觉得这样泡也不错。"

云林

芒果咖啡 "耶加雪啡是让我们踏入精品咖啡领域的第一款豆子，是我们最喜欢的风味。"

嘉义

33+V. "在不改变火排的情况下，火力与烘焙鼓的升温状况是不对等的，两者差异很大。"

咖啡先生 不远万里地把爱传出去

☕ 桃园市龟山区枫树里公华坑 27-18 号 　　☎ (03) 319-5834

很多人认识桃园龟山的"咖啡先生"丁福良，其实是从老挝希望小学的故事开始的。他说："我去了老挝有六七次，其中带团去参观咖啡庄园就有 4 次。主要是庄园主人 Alan 想为当地做点事情的坚持打动了我。"所以他每卖出 1 磅（约 454 克）有机种植的老挝迪尔它庄园咖啡豆，就捐出 1 美元给希望小学当基金。经过多年时间与各界爱心人士的努力，学校已经落成。诊所也即将建成，为这个偏远地区的人民提供服务。

1 磅 1 美元的捐款看起来或许不多，但以咖啡先生这家咖啡店的位置来看，几年前刚搬迁过来的时候，真的可以说是人烟罕至、门可罗雀，有时候一整天下来，连半个客人都没有。丁福良说："地点不好就要靠时间，还好房租便宜，不然真的撑不过来。"目前每个月咖啡豆的销售量可以达到 800 磅（约 363 千克），真的都是靠一点一滴累积而来。

丁福良觉得，产品越复杂则越难赚钱，所以他专注于手冲咖啡和销售咖啡豆这两件事情。他说："我的客人回头率很高，因为他们通常会自己买咖啡豆回家煮，稳定度比较好。"在我看来，其实是因为他很擅长与客人沟通，所以我特别请教他在销售咖啡豆方面有什么诀窍。

丁福良，48 岁，白羊座

"投其所好吧。先让客人认同你的咖啡，就算他想喝深烘焙咖啡也无所谓，之后再慢慢让他了解浅烘焙咖啡的滋味。"他不藏私地跟我说。"好的酸带甜，通常习惯了浅烘焙咖啡后就很难回头。"不管你是熟客还是第一次上门，都能感受到丁福良对于咖啡的热情，尤其是关于老挝参访的大小事。你听着听着都会忍不住想要报名参加！

以"咖啡先生"为名。从就职于烘豆工厂到目前的咖啡店，有将近 13 年的咖啡从业资历，也是桃园地区最早的一批的自家烘焙咖啡业者。数次带团前往老挝，除了拜访迪尔它咖啡庄园，并引进咖啡生豆之外，更号召各界爱心人士资助当地的希望小学。现投入咖啡冲煮教学，并开始加盟连锁店。

大水柱、短闷蒸，冲出清爽口感

虽然是 1∶10 的粉水冲煮比例，但是喝起来却不会过于浓

1 店门前的庭院绿意盎然。

2 老板自己动手做的球形灯，是咖啡麻布袋回收再利用的环保产品。

3 从老挝带回来的咖啡树苗，在中国台湾的土地上生机勃勃地生长。

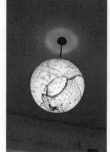

1
2 3

烈，而是清爽顺口的类型。因为在萃取过程中闷蒸时间较短，以及使用了较大的水柱，所以用的是 Kalita 这种广口型壶嘴的铜制手冲壶，搭配流速快的 Hario V60 玻璃滤杯，30 克咖啡豆，Kalita Nice Cut 磨豆机研磨刻度 3.5，水温控制在 90℃。前段闷蒸 10 秒，再用较大的水柱冲煮，过程中断水两次，萃取出 300 毫升咖啡液。

马拉巴独特的麦香和坚果味

被命名为"七号综合"的配方豆，是将危地马拉薇薇特南果、老挝迪尔它庄园、日晒摩卡、曼特宁 G1 等咖啡豆先行混合后进锅烘焙，在接近二爆密集时下豆。再加入烘焙度较浅，约在一爆中的印度马拉巴。至于这样搭配的原因，丁福良说："是要取马拉巴独特的麦香和坚果味。"另外 4 种混烘的部分则表现出圆润滑顺、余韵悠长的风味。

在烘焙手法上，丁福良会在前段就把排气打开，用大火力让咖啡生豆的水分、银皮充分脱除。接下来关闭排气，直到一爆时再次打开，让咖啡豆尽情地爆裂延展。他说："干净很重要。像我自己体质不好，在空腹的时候喝了这种咖啡也不会不舒服。"同时他也认为，大部分咖啡豆的烘焙度控制在二爆之前，可以保留住较多的味道，风味最好。

1 20多种手冲壶,不难看出老板对手冲咖啡的热爱。

2 店内没有销售意式咖啡,经典的 Faema E61 咖啡机只用来当作热水机使用。

3 直击生豆库房:将咖啡生豆从麻布袋倒至有盖纸筒内存放,这个做法除了可以避免日光直射,也可以防止咖啡虫害肆虐,同时店内也不会有恼人的麻布袋粉屑或味道。

1
2 3

特殊合金材质,导热、聚热稳定

　　店内使用的 Lysander 5 千克级半热风式烘豆机,购入已有 8 年时间,浮雕花纹的铜质外壳依旧抢眼。丁福良认为,这台机器由于具有特殊合金材质的烘焙鼓,所以在导热、聚热上都有很稳定的表现。

|咖|啡|大|叔|品|味|时|间|

印度尼西亚黄金曼特宁
(Indonesia Golden Mandheling)

有着深烘焙特有的苦巧克力余韵,却能尝到些许奶油般的油脂感,还有焦糖甜香,较低的萃取率让这杯咖啡没有过多的"负担","顺口"是形容它的最好的词汇。

	0	1	2	3	4	5
苦味					▼	
酸味		▼				
甜味				▼		
香气				▼		
回甘	▼					

翔顶咖啡 绿禾塘新瓦屋

☕ 新竹市竹北市文兴路一段 123 号 　　☎ (03) 668-3510

　　11 年前，原本从事信息行业的陈河志，想要找一份能结合兴趣的工作，便到位于新竹市演艺厅内的一家自家烘焙咖啡店担任咖啡师。在工作约 2 年后，他选择在三峡北大商圈开设属于自己的咖啡馆。可惜因为租金问题且商圈发展尚未成熟，只短暂地营业了 1 年时间，就结束了店里的生意。接着在朋友的介绍下，他进入有机超市连锁店，担任烘焙咖啡、培训学员的工作，就这样，一转眼过了 7 年。

　　"坦白说也是缘分，一路有很多人，在我需要的时候就会出现。"他曾短暂地前往辽宁，在半年内协助复合式餐厅的展店业务，回来之后，又加入了友人先进驻在竹北新瓦屋客家文化保存区内的绿禾塘团队。他对于咖啡的理想从没停下来过。

　　"第一次参加比赛，纯粹是想通过比赛来磨炼自己的技术。"参加过 3 次台湾咖啡大师比赛的陈河志，在这个场合认识了来自各地的咖啡师朋友。尤其是在初次比赛时就得到陌生人的

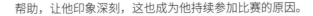

店长小档案

陈河志，40 岁，金牛座

进入咖啡行业约 11 年的时间，其间多次参加台湾咖啡大师比赛，也曾获得首届古坑创意咖啡比赛冠军，世界虹吸式咖啡大赛中国台湾选拔赛亚军、季军等优异成绩。现与友人在竹北市新瓦屋客家文化保存区内共同经营翔顶咖啡与绿禾塘友善市集。

帮助，让他印象深刻，这也成为他持续参加比赛的原因。

提到当时短暂的开店经验，陈河志很坦诚地说："以当时来说，自己完全没有经营的概念跟能力，一个没有经验的新手就是最大的致命伤。"虽然投入了约 30 万元人民币的开业成本，但他并不觉得后悔，因为从中得到的经验和认识的朋友，带给他很大的帮助。

对于想要投身自家烘焙咖啡的朋友们，身为过来人的陈河志给出了很诚恳的建议："这个行业是条不归路，喜欢上咖啡后要回头是很困难的；同时这也不是很梦幻的工作，不论是在技术上还是心态上，都必须要先做好准备才行。"

0.3 厘米的水柱

细口手冲壶搭配免滤纸的不锈钢金属滤网，研磨粗细为 Kalita Nice Cut 刻度 2.5，粉水比是 1 ∶ 12，冲煮温度设定在比较高的 95℃。如果以使用 20 克咖啡粉来说，从开始注水，到粉层完全浸润后流出第一滴咖啡液才开始计算重量，最后萃取出 240 毫升的咖啡液。注水时的水柱粗细大约在 0.3 厘米，注水范围控制在中心处约一半的面积，整个过程不断水，总时间约为 1 分钟。"单品咖啡都是以一冰一热的方式出杯，所以要兼顾两者的口感，让客人饮用起来感觉舒适。"擅长虹吸式咖啡的陈河志，对于手冲咖啡也很有自己的想法。

一种豆子，两款风情

翔顶咖啡店内所使用的，是由曼特宁和巴西咖啡豆组成的综合配方豆，分别烘焙后再混合。前者烘焙程度较深，为接近二爆；后者则是一爆结束后，尚未二爆就下豆。纯饮浓缩咖啡时，口感轻柔，柚子般的酸质非常明显，伴随着焦糖似的甜感，并以坚果巧克力余韵收尾。

谈起配方的组成理念，负责烘豆的陈河志说："我的配方组成比较单一，是利用巴西咖啡豆来协调曼特宁的酸质，主要用来制作创意咖啡。"因为要和现场销售的农产品联系起来，如果是风味过于强烈的浓缩咖啡，就容易掩盖掉其他食材的味道。

要怎么烘出好喝的咖啡呢？陈河志认为，要先从客人的角度来想，喝到这杯咖啡时的感觉是舒服的吗？所以咖啡豆最起码要烘熟。当烘焙完成后，先用手冲的方式来做风味上的判断。而对同一款咖啡豆，他会提供两种不同风味的烘焙度。一种是第一次爆裂停止就下豆，以香气为主体的风味；另外一种是当第一次爆裂停止时，在温度不升高的情况下，让咖啡豆继续在烘焙鼓内停留 1 分钟，这样的手法会让口感比较厚实饱满。

将排气温度作为烘焙依据

使用了超过 5 年的德国 Probat 1 千克级半热风式烘豆机，陈河志对于这款机器可以说是驾驭自如。他认为德制烘豆机的稳定度相当好，比较不会受到外在环境影响，可以将排气温度作为烘焙的依据。烘焙鼓内的抽风排气量是固定的，不过可从机器外部位于排气管上面的阀门去

1 用15克咖啡粉，萃取出60
毫升浓缩咖啡，温度设定在
93℃。

2 看似为无酒精啤酒，其实是利
用浓缩咖啡制成的创意饮品。
加入气泡水和麦芽后，喝起来
跟真的啤酒没有两样。

3 陈河志特别选用Tiamo家用
型单孔意式咖啡机（右一），
呈现出不输专业机器的口感。

做调整，但不建议在烘焙过程中这样做。如果后端排气管被堵塞，
导致排气不顺畅，则会被强制切断火源。

1 2
3

|咖|啡|大|叔|品|味|时|间|

中国台湾屏东大武山咖啡
(Taiwan Pingtung Dawu-Mountain)

热饮时，能明显喝到甘草甜味或是山
楂般的酸甘；制作成冰饮后，则满是
仙草茶般的甜感。

	0	1	2	3	4	5
苦味			▼			
酸味				▼		
甜味			▼			
香气			▼			
回甘				▼		

墨咖啡 承载生活与梦想的所在

🍜 新竹市东区林森路 180 号　　☎ (03) 522-0608

　　曾在湛卢咖啡担任店长的周义翔，任职期间曾负责开展分店的工作，比如"湛卢狂草店"就是他离职前的代表作。他回想起当时："从新进员工的培训到烘焙咖啡，甚至是开着车出去送货，那段时间让我认识到了开一家咖啡店需要具备什么能力和条件。"光是想到每个月要发给伙伴们的薪水，无形中的责任感让他觉得负担满满。

　　"见自己、见天下、见众生。"

　　引用电影《一代宗师》里面的台词，周义翔说自己从事服务业的过程刚好是反过来："在桌边服务，面对客人时，收集到大量的意见和信息；我也到过很多咖啡馆去喝咖啡，观察它们成功与失败的原因是什么，并了解自己的高度在哪里。"开店前，他花了整整 1 年的时间前往各地的咖啡馆，甚至远赴东京、京都，探索咖啡产业的方方面面，从而找到自己想要的是什么。

　　"咖啡馆应该是个可以安身立命、完成所有梦想的地方。"所以墨咖啡的一二楼空间被规划成多功能用途，包括客席、甜点烘焙、二手书及艺文空间。

店长小档案

周义翔，37 岁，射手座

大学毕业后在湛卢咖啡待了 4 年的时间，担任店长一职。6 年前于新竹开设墨咖啡，已通过美国精品咖啡协会 Q-Grader 杯测师资格认证。

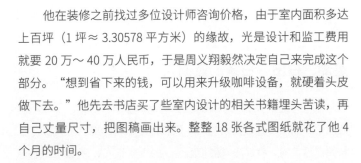

他在装修之前找过多位设计师咨询价格，由于室内面积多达上百坪（1 坪 ≈ 3.30578 平方米）的缘故，光是设计和监工费用就要 20 万～ 40 万人民币，于是周义翔毅然决定自己来完成这个部分。"想到省下来的钱，可以用来升级咖啡设备，就硬着头皮做下去。"他先去书店买了些室内设计的相关书籍埋头苦读，再自己丈量尺寸，把图稿画出来。整整 18 张各式图纸就花了他 4 个月的时间。

被许多施工班头拒绝后，终于有位好心的木工师傅愿意接手这个外行人画出来的设计图，并帮他找来其他水电、泥作、油漆的工班。周义翔说："每天从早上 8 点到下午 5 点，我都待在现场，跟师傅们沟通意见。"就这样，他磕磕绊绊地完成了墨咖啡的装修工作。

对于想要经营自家烘焙咖啡店的朋友，周义翔的建议是："开店不只是个梦想，而是个目标，为了完成这个目标，就必须做很多功课，谁做的功课比较深、比较足，就能在这个产业里站稳脚跟。"他同时认为，只去上课学技术是不够的，必须先真正踏进来，才能了解到自己所具备的优势或欠缺的能力。

新鲜的咖啡，冲煮水温低

手冲咖啡的部分，使用 Kalita 经典铜质手冲壶搭配 Hario V60 陶瓷滤杯，用 20 克咖啡粉萃取出 210 毫升咖啡液，水温 88℃。浅烘焙或养豆时间超过 15 天的豆子，则用较高的 90℃来冲煮。周义翔认为："店内的咖啡豆都在烘焙完成后 3 天就上架使用，这么新鲜的咖啡豆，在吸水后的发粉（膨胀）会比较厚，流速会变慢，所以要用温度低一点的水。"研磨粗细为富士鬼齿磨豆机刻度 5。他觉得鬼齿磨豆机的特性，在于能够表现出比较圆润且干净的味道；而转速

慢的平刀式 Kalita Nice Cut 则多用在咖啡杯测，方便找出风味上的瑕疵。

黑潮、日出、日落、蓝调

墨咖啡店内共有 4 款配方豆：黑潮、日出、日落、蓝调。其中日出、日落分别是浅烘焙和深烘焙；而黑潮则是负责加入牛奶和浓缩咖啡的综合配方豆，里面包括作为"骨干"的危地马拉安提瓜花神，表现出乌梅和山楂味的肯尼亚 AA，有发酵酒香味与巧克力感的日晒西达摩及巴西日晒，混合后烘焙，烘焙程度为接近二爆，总时间约为 12.5 分钟。

关于配方概念，周义翔说："我很喜欢日晒西达摩，所以黑潮这个配方里面其占比超过1/4。"再通过中美洲豆来增加干净度，让味道更细腻，且耐喝，成为配方的主轴；增加油脂感的巴西日晒让风味更讨喜；而肯尼亚 AA 则是近期才加进来的，用于取代原本的曼特宁，从而提高鉴别度。

把烘焙过程分为几个阶段，周义翔很有自己的想法，"以比较高的进豆温度，让生豆快速地与锅体达到温度平衡，我称它为爬温期。接着就是脱水期，依照不同的生豆来决定脱水时间，此阶段使用较小的排风，让脱水一致。脱水完成后，通过加大排风和火力来蓄热，这是高温期。最后是烘焙期，使用尽量小的火力；这时升温速率是重点，每分钟约 7℃ 是最理想的。"

烘焙数据是最宝贵的资产

从最熟悉的 1 千克级半热风式烘豆机，升级成 Diedrich 5 千克级咖啡烘焙机，这期间的适应期，周义翔觉得："通过记录来重现好的味道，是非常重要的。"当味道出现问题需要做修正，或是出现了新品种的生豆、新的手法，他都会做记录。超过 1000 笔的烘焙数据，是他最宝贵的资产。

| 咖 | 啡 | 大 | 叔 | 品 | 味 | 时 | 间 |

埃塞俄比亚水洗耶加雪啡
(Ethiopia Yirgacheffe WP)

柳橙般的温和酸质、质地厚实、前中段表现很好，是一杯让人感到舒服的咖啡。

	0	1	2	3	4	5
苦味				▼		
酸味						▼
甜味					▼	
香气					▼	
回甘			▼			

Piccolo Coffee
"小恶魔" 的短笛进行曲

☕ 新竹市东区建中路 101 号　　☎ (03) 571-8460

林锦隆，35 岁，天秤座

　　2006 年开始在联杰咖啡承担样品烘焙、业务拓展的工作，曾两度参加台湾咖啡大师比赛。8 年前选择返乡，在新竹市开设 Piccolo Coffee 自家烘焙咖啡馆。

　　"研二的时候，我和黄崇适、张雁翔、黄介吴、庄氾邦这些朋友一起组成'大水鸭工作室'，开始做咖啡生豆进口与咖啡烘焙的生意。"林锦隆谈到进入咖啡业界的契机，是在就读研一的时候。那时他认识了后来获得世界咖啡大师比赛冠军的吴则霖，和他一起跑咖啡馆，讨论咖啡。

　　在结束生豆业务工作、准备开店前，他决定前往澳大利亚打工旅行，其间碰巧在位于悉尼的 Mecca 浓缩咖啡所属的烘焙厂找到一份烘焙助手的工作。"这家有自己的烘焙厂的咖啡店在悉尼算是相当有名，使用的是 Probat 22 千克级烘豆机。"他认为

141

这半年的助手经验给他最大的帮助就是每天跟着烘豆师做咖啡杯测，这样有助于了解如何把控品质。

Piccolo Coffee 分为一般的内用座位区和外带长凳区，在长凳区喝咖啡的话能享受跟外带一样的优惠价格。这是林锦隆从澳洲咖啡店得到的灵感，适合上班族在中午休息的时间来到这里，稍微坐下来休息 10 分钟后再回办公室。

谈起开业以来所遇到的困难，"初期经营浅烘焙咖啡，在酸味这个部分客群接受度比较低。慢慢培养喜欢带有果酸味咖啡的客群，是需要花点时间的。"林锦隆认为，现在新竹市的消费者对这样风味的接受度越来越高，目前店内以外带咖啡为主，占 70% 以上；而咖啡豆销售量和咖啡饮品的比例则各占一半。他还陆续推出轻松入门的手冲咖啡课程，希望能够让消费者逐渐养成在家冲煮咖啡的习惯。

对于想要从事自家烘焙咖啡的朋友，林锦隆建议说："对咖啡要有绝对的热情。虽然可以从不同渠道学习技术及获取信息，但最重要的还是本身是否真的想把咖啡做好。如果是，才能把这份喜爱分享给客人。"

质地坚硬的咖啡豆适用较高的水温

Tiamo 细口手冲壶搭配 Hario V60 滤杯，用约一爆中段的极浅烘焙咖啡豆 17 克，研磨粗细是大飞鹰磨豆机刻度 4.5，萃取出 200 毫升咖啡液。冲煮水温在 89 ～ 91℃，较高的温度适用于烘焙度浅或质地坚硬的咖啡豆。闷蒸时间约 20 秒，其间分 4 次注水（含闷蒸），每阶段注水速度由缓慢到逐渐加快。

1 Piccolo Latte，将一份浓缩咖啡加入发泡牛奶，直到满杯，总容量为90毫升。

2 意式咖啡的磨豆机以 Mazzer Rubor 为主，旁边体积较小的 Super Jolly 则用于测试 S.O. 浓缩咖啡。

1 2

气势十足的"恶魔综合"

名为"恶魔综合"的招牌配方豆听起来气势十足，但是其组成内容却非常简单。以占比 60% 的日晒耶加雪啡为主体，搭配巴西日晒，组成全日晒配方豆，混合后烘焙至接近二爆。纯饮浓缩咖啡时，会被它强烈而上扬的酸质给震慑住，接着就转成带有核果与巧克力风味的甜感余韵。

谈到配方组成的理念，林锦隆说："用一款豆子当主轴，再搭配其他豆子补足添加牛奶后不足的部分。"他想要利用全日晒配方，来强调浓缩咖啡的质地与油脂感，以及耶加雪啡具有的柑橘、果干香气，加入牛奶后，饮用起来就是满满的太妃糖口味。

关于烘焙手法，他很庆幸自己拥有作为咖啡生豆贸易商的工作经验，在品质与稳定的来源上有着相对优势。对于咖啡整体风味的要求，他认为平衡度和干净度是最重要的。至于怎么达到这些，林锦隆说："要控制好生豆的受热，让升温曲线和缓地爬升；不论是对流热还是传导热都要稳定地供给，曲线不要有太奇怪的转折。"

购买烘豆机前先试用

他原本使用 1 千克级半热风式烘豆机，但因为烘豆量增加，所以想找台热源稳定、受热更均匀的机器。2014 年添购了 Diedrich 咖啡烘焙机，林锦隆在购买之前就带着不同生豆去试用，发现其膨胀性和风味干净度都相当不错，因而果断入手。林锦隆也谈到，将原本的烘豆曲线套用在新机器上，稍微修正后，很快就能够适应。

| 咖 啡 大 叔 品 味 时 间 | | | | |

埃塞俄比亚水洗耶加雪啡洛米塔夏
(Ethiopia Yirgacheffe Lomi Tasha WP)

非常舒服的蜂蜜与麦芽甜感，酸质温和，口感如丝缎般细致而柔软。

苦味
酸味
甜味
香气
回甘
0 1 2 3 4 5

OLuLu 咖啡
火焰山下的咖啡香

［备注］烘豆工场，暂不对外开放

15 年前，原本从事活动营销工作的王诗如，决定回家承接原材料批发中间商的生意。但当时的主要客户都以餐厅为主，销售餐巾纸、意大利面、香料、番茄酱等各式杂货，咖啡豆只是附餐饮料的一个小项目。

每天搬卸、批发大宗商品，对她的身体来说是很吃力的负担。延续现有生意的同时，王诗如也在寻找解决办法。她有几次前往日本东京旅游参访，发现街头不少咖啡店的旗帜上写着"自家烘焙、新鲜烘焙"等标语，于是吸引了她走进店里一探究竟。"那时候我觉得，这样的风气在日本还蛮兴盛的。"回来后，她决定购入烘豆机，就此踏上了咖啡烘焙之路。

从 2011 年开始，她报名参加了美国精品咖啡协会举办的烘豆大赛，曾获得第 2 名的优异

王诗如，41 岁，狮子座

参与过多项咖啡课程及认证，2011 年获美国精品咖啡协会烘豆大赛第 2 名，2013 年获中国台湾烘焙咖啡比赛冠军。现为 OLuLu 咖啡、杰恩咖啡的经营者与烘豆师，同时承担餐饮研发的工作。

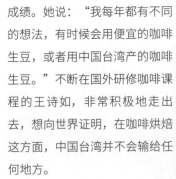

成绩。她说："我每年都有不同的想法，有时候会用便宜的咖啡生豆，或者用中国台湾产的咖啡生豆。"不断在国外研修咖啡课程的王诗如，非常积极地走出去，想向世界证明，在咖啡烘焙这方面，中国台湾并不会输给任何地方。

"很多咖啡店的客户需要定制化的风味，我们就会为他们调制出专属的配方。"原本王诗如经营的杰恩咖啡以咖啡豆批发业务为主，客户遍及各地，甚至还有外国的客户；这次来采访的 OLuLu 咖啡店是在 2014 年才开拓的"据点"，由里而外都是她和家人一起努力的成果，而她则忙到连原本的咖啡教学课程都暂停了下来。

在协助客户开业方面经验非常丰富的王诗如，对于想要经营自家烘焙咖啡的朋友，她的建议是："没有后顾之忧再来开店，同时要先想到怎么赚钱获利。要考虑到每天要花上 12 个小时在做这件事，并且全年无休；如果可以长期接受这样的生活，再进入这个行业。"

首推控水容易的手冲壶

用 20 克咖啡粉萃取出 300 毫升的咖啡液，开始注水后，闷蒸时间根据香气来做判断。其间断水两次，冲煮水温设定在 90℃，视烘焙度的深浅而升高或降低 2℃。选用 Kalita 手冲壶搭配 Kono 滤杯的原因，是因为她认为水流的一致性和稳定性非常重要，控水容易的手冲壶带来的帮助很大。

传达爱与勇气的 3 款配方豆

谈到店里主要使用的 3 款综合配方豆，王诗如说："深烘焙的 'Sweet Memory' 主要用来制作拿铁咖啡和冰咖啡，喝起来有牛奶糖般的风味，跟牛奶很搭。"在确定了配方内容后，就由公司伙伴来备料或调配比例，而她只专心负责烘豆和确认味道的部分。

"而 'Woman Power' 则是因为之前店面施工，妈妈每天都在工地监看工程进度，让我觉得天下的女生都很辛苦，而这样的辛苦却很容易被忽略，就想用这款配方来表达自己的心意。"她语带感激地说。这款配方强调的是甜感跟余韵的细致度，主要以手冲的方式来呈现。

混合烘焙、中浅程度的"Courage"综合配方豆，则是王诗如在做事情遇到瓶颈、需要勇气的时候调出来的风味。它有着强壮的枝干，喝起来有种热热胀胀的感觉，在口腔里表现得比较"粗犷"，通常用来制作浓缩咖啡和卡布奇诺咖啡。纯饮浓缩咖啡时，有着很棒的前、中、后段，带有核果香气，柠檬般的酸质细致且上扬，味道充斥着整个口腔。

针对配方的设计，王诗如有着自己的想法。当配方概念和想呈现的风味方向决定之后，才会选择生豆的组成内容，然后先用混合烘焙的方式来做尝试，让操作的方式简单化。如果没有办法用混合烘焙的方式来表达自己想要的东西，才会用分开烘焙再混合的方式处理。每个配方都需要两个月以上的时间反复测试，才能顺利完成。

1 单品咖啡用美国制咖啡机萃
取，冲煮过程分为 24 段，用
计算机控制注水节奏。粉水比
例约 1∶15，热水温度则设
定在 90.5℃，搭配的是 Kalita
磨豆机。

2 用 18 克咖啡粉，萃取出 25
毫升左右的浓缩咖啡，用时
18～29 秒，同时通过嗅觉来
判断咖啡豆的状况。店内使用
的是 La Marzocco GB5 意式咖
啡机，搭配同品牌的自动填压
磨豆机。

问起烘焙咖啡最重要的是什么，她认为："烘焙咖啡是一个
面对生产者和市场端的联结，你会希望尽量呈现生产者的原味，
但又同时必须符合不同市场端的风味需求，所以其中的取舍和拿
捏，常常都会影响烘焙者最后的决定。"面对不同客户的需求，
王诗如希望都能满足。

美国 Loring A15 全热风烘豆机

此前的 3 千克级半热风式烘豆机，这十几年来，陪伴着王诗
如度过艰辛的咖啡烘焙之路，是她最得力的助手。应业务量增加
的需求，她又陆续添购了 6 千克级烘豆机和美国 Loring A15 全热
风式烘豆机。

 | 咖 | 啡 | 大 | 叔 | 品 | 味 | 时 | 间 |

中国台湾阿里山奋起湖日晒微批次
(Taiwan Alisan Micro Lot DP)

 自行采摘，并经过14天日晒制作而成的极
少量批次，具有丰富的甜感和厚实感，让
人对台湾产的咖啡的风味完全改观。

苦味
酸味
甜味
香气
回甘

0　1　2　3　4　5

珈琲院 日式慢火烘焙

☕ 台中市西区存中街 165 号　　☎ (04) 2376-1273

　　汤胜杰是从朋友结束营业的咖啡馆带回的一组虹吸壶开始与咖啡结缘的。"有一天姨丈来家里，我就凭着印象中的操作方式用虹吸壶煮了杯咖啡，结果他连喝都不想喝。"大受刺激后，他发誓要搞懂咖啡，除了看书学习，还到处喝咖啡，结果让他从熟客进阶到烘豆厂员工。曾从事歌词创作的汤胜杰，回想起这段经历，连自己都觉得有趣。

　　在烘豆厂工作时，他使用的是日本制富士皇家 10 千克级直火式烘豆机，所以在创业筹备时，设定业务以批发咖啡豆为主，特别请工厂做出 15 千克级的烘豆机，以符合商业烘焙的需求。"这里的座位非常少，是因为一开始就是设定成谈生意用的。"后来因为附近居民、过路客经常上门询问，才对外开放营业。虽然还算顺利，但从无到有的过程依然相当辛苦，靠着咖啡品质和口碑，累积了不少忠实客户。

　　"之前是因为找不到地点才勉强在这里开业，觉得店面的功能性不够好，没想到现在却因为老屋的话题性而大受欢迎。"汤胜杰很兴

汤胜杰，43 岁，射手座

在烘豆厂工作了 2 年的时间，之后筹备创业相关事宜。初期以咖啡豆批发业务为主，至今经营了约 13 年。

奋地告诉我们。

请他给想要开自家烘焙咖啡馆的朋友一点建议，他表示："坦白说，只要遇到想要开店的，我会先劝退，或是丢出一些问题，让他们先回家想清楚。只有认真下定决心的，我才会协助他。"汤胜杰觉得，开店必须具备整体观念，包括了解机器设备、内部装潢、原材料等各项所需的经费。他认为，如果资金不够，可以先把这个梦想藏在心里，拜访店家时多看、多喝，来培养自己对咖啡风味的正确认知。

高浓度、低萃取

珈琲院店内的单品咖啡以虹吸式萃取为主，粉水比为 1：10 ，也就是用 20 克咖啡粉萃取出 200 毫升咖啡液。不同于一般常见的手法，他是先将咖啡粉倒入上座，等到虹吸壶下座里面的水受热完全上升后，使其与咖啡粉快速融合，然后立即关火搅拌。

他坚持不用湿毛巾来冷却下座，因为冲煮时间很短，让咖啡液自然下降就可以。这种手法主要靠拨动来萃取出咖啡粉内所含的物质。虽然粉水比偏低，但在短时间内，不容易发生过度萃取的情况。汤胜杰说："就当作是 Syphon Ristretto 吧！"也就是大家常提到的高浓度、低萃取的概念。

不加糖就有甜味的配方概念

以批发业务为主的珈琲院有不少综合配方豆，其中一款"五号配方"，内容包括萨尔瓦多、巴西、埃塞俄比亚、乌干达、危地马拉、卢旺达等咖啡豆，混合后烘焙，烘焙至接近二爆的时候就下豆。纯饮时有明显的甜味，温和中带着些花香。

"配方的组成概念很简单。你希望客人在喝拿铁的时候，不

加糖就能感受到甜味，喝起来很舒服顺口。"汤胜杰会将加入牛奶后的味道作为主要的考量。

另一款"六号配方"则是改良自曾经喝过的、来自南意大利的综合配方豆，里面包括巴西、危地马拉、埃塞俄比亚、印度、乌干达等咖啡豆。汤胜杰表示："我们在混合意式配方豆时，会按照意大利传统的做法，一定会超过 5 种。"烘焙程度略深。在二爆剧烈时下豆，加入牛奶后，有着很明显的巧克力牛奶风味。因为加入了品质不错的罗布斯塔豆，在适当的比例下，醇厚度有加分，而且没有不舒服的味道。

"烘咖啡就跟练功夫一样，不是按照秘籍上的招式比划一下，就可以说你学会了。"汤胜杰觉得，必须去了解每个动作所代表的意义。在把咖啡豆烘熟的前提下，浅烘焙跟深烘焙应该有不同的处理方式。同时他认为，自己的烘焙手法比较接近日式慢火烘焙，总时间都会在 20 ～ 30 分钟。

自行找厂商开发制作的 15 千克级烘豆机

13 年前，汤胜杰自己找工厂开发制作的 15 千克级直火式烘豆机外表看起来非常庞大，这是因为当初在设计外壳时，就为升级为 30 千克留下了空间，虽然目前还没派上用场。在汤胜杰熟稔的操作之下，烘焙量可以实现从 100 克到 16 千克。但要取得比较稳定的烘焙度，他认为 3 ～ 12 千克比较合适。

这台机器的整体完成度相当高，双集尘桶的概念，是希望抽出去的银皮能更干净；火排共 30 个火嘴，能使烘焙鼓受热均匀。汤胜杰认为，它唯一的缺点是深入式的冷却盘，比较不适合台湾地区闷热的天气。

咖啡叶 咖啡界的流言终结者

☕ 台中市丰原区西安街 95-5 号　☎ (04) 2522-2005

店长小档案

叶世煌，46 岁，摩羯座

踏入咖啡界约有 19 年时间。从就职于日式咖啡连锁店开始，逐步转型为自家烘焙咖啡。以极浅烘焙为主，在台中丰原地区颇具盛名，也曾多次参加台湾咖啡大师比赛。

"做咖啡看起来比较好赚，3 分钟就能出一杯咖啡，可以卖20 多块钱，比做面包好太多。"

挥别面包店的工作，叶世煌应聘到真锅咖啡总公司，负责产品研发。两年后，公司有意发展意式咖啡，就派他到日本培训学习。他回想起当时："本来真锅没有意式咖啡，是受到星巴克进入中国台湾市场的影响，才开始想补足这块。"学成回来的叶世煌，负责在台北内湖展店，是真锅（后来更名为客喜康）第一家有意式咖啡的概念店，后来他又负责重庆店、上海店的管理。回来后，决定盘下真锅丰原富春店来经营，同时也在总公司担任督导的工作，这样一来，他总算是拥有了属于自己的咖啡店。

离开连锁经营的咖啡馆后，叶世煌先去了胡同咖啡帮忙，在那里，他接触到了精品咖啡的世界。接着，才接手了那时候要转让的约克咖啡旧址。他笑说："从那时候就开始自己烘焙咖啡，不过也只是乱烘乱焙。"离市区近、能见度高，还能省下装修费用，这些是他盘店时的考量。

租约 3 年期满后，叶世煌选择搬回自己家的店面，简单地装修成自家烘焙咖啡馆，就这样开始了他轰轰烈烈的咖啡人生。

四度参加台湾咖啡大师比赛，是叶世煌受咖啡业界瞩目的起点。他说："开始是好玩，想用极浅烘焙、极深烘焙的咖啡豆来做口味变化，我叫它为'天使跟魔鬼'。第 2 次用极深烘焙的'黑珍珠'参赛，其实是有新的想法，于是就在比赛中表现出来。"

对于想要踏入自家烘焙咖啡领域的朋友，叶世煌建议："烘焙本身是很简单的东西，比较困难的是怎么去修正。必须要建立在自己会喝咖啡、煮咖啡的基础上，才能烘好咖啡。"也就是说，烘豆师要能够找出问题是出在烘焙还是萃取上，甚至有办法通过冲煮技巧来修正烘焙时产生的瑕疵。

少粉量、粗刻度、大水流

手冲咖啡要依照咖啡豆的特性改变冲煮方式。"少粉量、粗刻度、大水流"，用 12 克咖啡粉萃取出 240 ～ 280 毫升咖啡液，粉水比为 1 : 20。通常较浅的烘焙程度会萃取较多的量。叶世煌认为，烘焙时间短的咖啡豆里面保留有较多的风味，浓度过高会产生强烈的刺激性味道。

使用大容量不锈钢手冲壶搭配新款 Hario V60 玻璃滤杯，热水温度约 85℃，闷蒸过后持续注水至完成，主要是通过控制水柱的粗细来调整风味。前段用细水柱且拉高与咖啡粉的距离，后段用粗水柱，并接近粉层表面。

非洲系"摩力哥巴曼"配方豆

这款配方中包括日晒耶加雪啡、水洗耶加雪啡、水洗西达摩、两款危地马拉、玻利维亚和曼特宁等咖啡豆，烘焙完成后再混合。每款咖啡生豆的烘焙程度不同，大致来说，日晒处理的

1　极浅烘焙的咖啡，颜色如茶汤一般，呈现出淡雅的琥珀色。

2　Compak K8 平刀式磨豆机磨出来的粉是热的，刀盘产生的摩擦热让咖啡粉的温度有 40～50℃。

3　咖啡粉、柠檬片、砂糖，据说这是意大利黑手党爱吃的甜点。

4　改为大水流的 La Marzocco GS3 意式咖啡机，目的是要让咖啡层次更丰富，咖啡液在第 2 秒就滴下来，缩短预浸时间，但受到粉体膨胀效应的影响，空气来不及出去，萃取总时间反而会延长。浓缩咖啡则以 16 克咖啡粉，经过细研磨、轻填压，分流萃取各 30 毫升，用时 25～30 秒。

1 2 3 4

咖啡豆烘焙至一爆密集，水洗处理的咖啡豆则是一爆结束，而负责厚实质地的危地马拉咖啡豆的烘焙程度为二爆之前。

至于配方的组成理念，叶世煌提到，当时去参加台湾咖啡大师比赛时，使用了一款以非洲系列为风味主轴的"摩力哥巴曼"配方豆，但因为考虑到部分生豆的品质稳定度，故逐渐修正为目前的内容。

把机器的效能发挥至极限

谈起之前购置的 Kapok 1 千克级半热风式烘豆机，叶世煌认为，这款机器所提供的热风效应比较多，所以烘焙出来的咖啡豆口感比较柔和。在安全方面的考量也比较周到，在排风未开启的状态下，燃气开关无法启动，这样可以避免发生气爆。另外，这台机器有自动温度控制系统，当到达烘焙鼓设定的温度时，就会自动调节火力。

"我实验过，这台烘豆机最多可以烘 3 千克咖啡豆，效果还不错。"很有实验精神的叶世煌，把这台机器的效能发挥到了极限，目前他每次的烘焙量为 0.8～2 千克。

The Factory- Mojocoffee
制造生活风格的咖啡工厂

☕ [The Factory-Mojocoffee] 台中市西区精诚六街 22 号　☎ (04) 2328-9448

☕ [Retro- Mojocoffee] 台中市五权西路一段 116 号　　☎ (04) 2375-5592

　　Mojocoffee 的前身在逢甲大学里，是一个英文教学空间内附设的咖啡吧。结束与学校的合作后，陈俞嘉于 2003 年在台中市大业路开设了第一家门店（现租约已到期）。问到店名的由来，他说：" 'Mojo'，是美国南方黑人传统中对于护身符的称呼，那时候蓝调音乐听得比较多，都会唱到这个东西。"这个名称后来成为台中地区对于自家烘焙咖啡的代名词之一。

　　从第一家店开始，隔四五年的时间，分店开张，以教学为主的项目也正

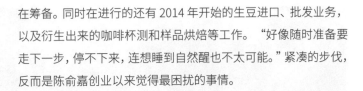

陈俞嘉，39 岁，水瓶座

　　踏入咖啡领域约 14 年，现为 Mojocoffee 的负责人。同时代理销售"Black Gold"品牌的咖啡生豆，并通过了美国精品咖啡协会 Q-Grader 杯测师资格认证。

　　在筹备。同时在进行的还有 2014 年开始的生豆进口、批发业务，以及衍生出来的咖啡杯测和样品烘焙等工作。"好像随时准备要走下一步，停不下来，连想睡到自然醒也不太可能。"紧凑的步伐，反而是陈俞嘉创业以来觉得最困扰的事情。

　　陈俞嘉本身没有参加咖啡比赛，但却提供资源，并放手让员工发挥，所以 Mojocoffee 的伙伴们在历届台湾咖啡大师比赛、虹吸式咖啡大赛中都曾经获得优异的成绩。同时他认为，咖啡师参加比赛，对个人履历是有加分的。

　　与合伙人共同经营生豆进口与批发生意，2014 年特地前往哥斯达黎加参访咖啡庄园的陈俞嘉说："除了了解咖啡的种植环境之外，也把生豆处理过程的信息带给消费者。"他在哥斯达黎加当地专业杯测师的帮助下事先筛选出样品，引进了不少令同行们耳目一新的精品生豆。

　　对于有兴趣从事自家烘焙咖啡的朋友，陈俞嘉觉得："要烘出自有品牌的味道，不一定要最优化，但要能够从众多的自家烘焙咖啡店里被认出来，才是重点。"同时他也认为，不要过度迷信杯测，因为杯测分数不一定能够反映到实际售价上，咖啡杯测应该是在决定采购生豆时才需要的操作。

用看起来很"蠢"的方法，泡出很好喝的味道

　　单品咖啡采用聪明滤杯来冲煮，以 3 匙咖啡粉（约 30 克），研磨刻度需要比手冲咖啡再细一点，倒入 400 毫升 94℃的热水；接着略微搅拌，让粉水均匀混合，浸泡时间依照烘焙深浅做调整，中、浅烘焙约 4 分钟，深烘焙为 1 分钟。另外，在让咖啡液泄下来之前，会再搅拌一次。陈俞嘉笑说："如果用看起来很'蠢'的方法，却泡出了很好喝的味道，客人就会觉得这样泡也不错。"不少消费者都向他买聪明滤杯和咖啡豆，享受在家轻松煮咖啡的乐趣。

深烘焙避免焦味、浅烘焙避免不熟，就是适合的烘焙手法

"Mojo Blend"招牌综合配方中包括东帝汶、西达摩以及 3 款哥斯达黎加的咖啡豆。觉得分开烘焙很麻烦的陈俞嘉，认为先将咖啡生豆混合后再烘焙，对品质的把控比较有帮助，烘焙程度在接近二爆左右（Agtron 50 ～ 55）。纯饮浓缩咖啡时，能感受到坚果、熟果、巧克力等比较深沉的风味。

谈到配方概念，陈俞嘉表示："我是个非常讨厌巴西咖啡豆的人，所以巴西咖啡豆从来不在我的选择里面。"他最早是以爪哇摩卡咖啡豆的概念组成配方，以苏门答腊与埃塞俄比亚西达摩或吉玛咖啡豆为主体，而为了分散采购风险，加入了哥伦比亚或哥斯达黎加咖啡豆来担任

Probat L5 利用出风口排档来调整抽风、冷却的比例，集尘筒设计在机器下方的内部，左侧的小屏幕为加装的记录器。

1 直接用热水机注水。

2 加盖后静置 1～4 分钟。

3 泄水前稍做搅拌。

4 置于咖啡杯或玻璃壶上，咖啡
液就会自动泄下。

```
1  2   3  4
        5
      7    6
```

5 焦糖化测定仪，数值越大，烘
焙程度越浅。

6 使用 Synesso 意式咖啡机搭
配 Mazzer Robur 磨豆机，用
18 克咖啡粉萃取出 60 毫升浓
缩咖啡液，时间控制在 30 秒，
水温约 93℃。

7 拉霸式意式咖啡机。

中和的角色。但是爪哇咖啡豆的风味表现与价格不尽如人意，因而后期改用东帝汶咖啡豆，在意式浓缩咖啡的强烈度、甜感、厚实度等方面加分不少。

"至少要烘熟啦！生豆的来源很重要，当豆子对的时候，就只是让它做自己的事情就好。"同时他认为，保持烘焙时排风顺畅，深烘焙时避免产生焦味，浅烘焙时没有过生不熟，就是适合的烘焙手法。在规划烘焙曲线时，先通过仪器来测量水分与密度；烘焙完成后，用焦糖化测定仪来帮助判断烘焙度的深浅。

不需要太多技巧的德国 Probat 半热风式烘豆机

他使用的德国制 Probat 5 千克级半热风式烘豆机，购入已有 10 年的时间。陈俞嘉说："没有太多的使用技巧，使用时不会去调整风门，只会依照各批次烘焙数量大小调整，在少量烘焙时，风门会稍微关一点。"这样烘焙出来的咖啡豆，测量出来的 Agtron 数据内外比较接近，就算烘焙时间再快，也拉不开差距。同时他认为这台机器的缺点在于，要烘出浅、中烘焙度的香气型咖啡豆比较困难，所以会偏重在口感上的表现，这也是他个人比较喜欢的风味。

芒果咖啡 具有深度内涵的"乡巴佬"

☕ [莿桐本店] 云林市莿桐乡中山路 114 号　　☎ (05) 584-1987

☕ [文化中心店] 云林市斗六市大学路三段 310 号　　☎ (05) 537-1355

☕ [Mango Modern] 台中市雾峰区柳丰路 500 号（亚洲现代美术馆内）☎ (04) 2332-3456 # 6480

　　从高雄医学院药剂系毕业后的廖思为，深觉药剂师这个职业不是他一生的志向。于是他就在正心中学校园内，经营一家只有 23 平方米的咖啡店，满足全校 2000 多位学生对咖啡的需求，但这已经是 14 年前的事情。

　　谈起创业以来所遇到的困难，廖思为说："主要是在心理层面。一开始会不断地产生怀疑，自己回乡下这么努力地经营，像是在垦荒，在沙漠里掘水。有时看到了一点成绩，就会问自己，这样是不是对的？要不要继续做下去？生怕掘出来的水只是海市蜃楼。"

　　2006 年，他一口气拓展了 3 个芒果咖啡的据点，逐渐在咖啡业界崭露头角，芒果咖啡从只有 5 名员工的小店变成了拥有 30 名员工的连锁店。接着，廖思为夫妻俩一起参加了 2009 年台湾咖啡大师比赛，他的妻子王琴理用台湾产的咖啡豆获得了第 5 名的优异成绩。

店长小档案

廖思为，41 岁，双鱼座

从在蜜舫咖啡担任学徒开始踏进咖啡产业，后于正心中学创立芒果咖啡，用 14 年的时间，与妻子王琴理携手打造了云林最有个性的咖啡馆。

2013 年元旦，芒果咖啡云林文化中心店正式开张。廖思为找来各领域的达人在店里举办讲座，以咖啡为主，也包括音乐、旅行、电影、美食、红酒等主题，希望通过分享让彼此有所成长。

对于想要投入自家烘焙咖啡的朋友，廖思为的建议是："要想得够远，做得够快！"他认为有些人为了实现梦想而冲得太快，却想得不够远；而有些人却因为想得太缜密，反而止步不前。

冲泡全程不断水

手冲咖啡用 16 克咖啡粉萃取出 250 毫升咖啡液，水温控制在 93℃；闷蒸时间则依照烘焙度做调整，使用的是 Hario V60 滤杯。闷蒸后的注水从第 1 滴咖啡滴落到下壶时开始，过程中不断水，用流速（水柱粗细）控制咖啡粉与热水接触时间的长短；如果客人要求的口味重，才会利用断水做调整。目前芒果咖啡只有在莿桐本店才提供手冲方式，文化中心店主要用虹吸壶来冲煮。

"乡巴佬"的能耐

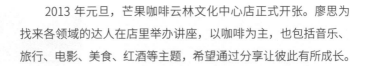

命名为"乡巴佬"的综合配方豆，包括了水洗耶加雪啡、巴西、哥斯达黎加和日晒西达摩等咖啡豆，分开烘焙后再混合。其中，烘焙程

度最浅的是水洗耶加雪啡，在二爆前 40 秒；其余三种则分别是接近二爆、二爆后 5 秒、二爆后 30 秒。纯饮浓缩咖啡时，可以明显地感受到近似于柑橘、巧克力的风味。

"会取这个名字，是因为我刚回乡下开店时，常被笑说是傻子，心里难免有点不服气。"

不服气的廖思为，想让大家看看"乡巴佬"有什么能耐，决定先定味道，再找配方。他说："耶加雪啡是让我们踏入精品咖啡领域的第一款豆子，是我们最喜欢的风味。"因此他们以占 40% 的水洗耶加雪啡为主轴，其他的则会根据每一季所采购到的咖啡豆做调整，增加整体平衡感，构建出层次与余韵。对于分开烘焙的影响，廖思为觉得，最大的好处是可以把味道做到更细腻，拉开整体味谱，更妥善地衔接前、中、后段的风味。

廖思为认为烘豆最重要的是想法。当已经很熟悉技巧的部分，而且目前的机器设备、信息交流都和以前不一样，因而刚入门就很容易烘出好喝的咖啡。但要能让人留下深刻印象，拥有属于烘豆师本身的个性特色，就必须有自己的想法。

廖思为每年都会用一个新配方，来表达对于咖啡烘焙的想法或突破。2014 年，为了迎接新生命的诞生，她制作出了充满甜蜜的"喜悦"综合配方豆。用 3 款蜜处理咖啡豆代表家中成员，巴拿马咖啡豆就像个性鲜明的妻子，哥斯达黎加同一个庄园出产的两款咖啡豆则代表自己和儿子。他让烘豆变得更有趣。

1 鸭子杯是"芒果女王"的最爱。

2 用滤杯口径 53 毫米的 La San Marco 拉霸式咖啡机制作浓缩咖啡，用 17 克咖啡粉萃取出 55 毫升咖啡液，用时约 41 秒（含预浸 5 秒），厚实感、圆润度表现突出。

3 莉桐本店配置的 3 台磨豆机，分别负责"乡巴佬"配方、"法国佬"配方及其他咖啡豆的研磨。

4 直击生豆库房：咖啡生豆放置在冷藏库里，通过电子控制恒温保存。

1 2
3 4

节省能源、"对比性"优异

目前芒果咖啡使用的是美国制 Diedrich 7 千克级烘豆机，以廖思为的实际使用经验来看，节省能源是其很大的优点，为他省下了不少燃气费用。他同时觉得这个品牌的烘焙机还有个特点，就是"对比性"非常优异，意思是在不同规格的使用上，无论是从 1 千克到 24 千克级，都可以套用相同的升温曲线，烘焙出来的风味也相当接近，可避免升级机器后出现适应困难的情形。

咖 啡 大 叔 品 味 时 间							
卢旺达基伍湖 (Rwanda Gishamwana)							
带有明显的甘蔗般的甜感，中后段有着不错的表现，整体质地干净。	苦味				▼		
	酸味			▼			
	甜味					▼	
	香气				▼		
	回甘					▼	
		0	1	2	3	4	5

33+V. 缓慢旅行的咖啡生活

♨ 嘉义市东区东义路 160-2 号　　☎ (05) 277-4567

"33+V."，是一种 33 号咖啡店加入韦士柏（Vespa）的生活概念。对李哲仁来说，韦士柏不只是摩托车，而有着慢速旅行的意义。他想要在嘉义推广这种咖啡和生活都慢慢地前进的态度，结合哥哥所收藏的韦士柏摩托车，打造出风格独一无二的咖啡店。

建筑制图专业毕业的李哲仁，和家人共同描绘出这家店的蓝图。他说："以前的我很在意客人的一举一动跟反应，而这次把吧台设计成背对座位区，因为我想要专心煮咖啡。"吧台桌面和以往摆满各式玩具公仔的 33 号咖啡店不同，只有意式咖啡机、磨豆机和手冲器具。李哲仁希望大家能够重新认识这家店，把重点放在咖啡上面。

虽然曾在台湾咖啡大师比赛中获得不错的成绩，但李哲仁认为，自己的舞台应该在咖啡店里面。所以当返乡创业有成后，他积极地在云嘉南多所学校举办分享讲座、教学课程，努力地让更多人爱上咖啡。"嘉义跟以前不太一样，消费者开始用手冲、家用咖啡机或是摩卡壶在家

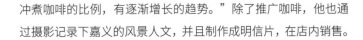

李哲仁，37 岁，金牛座

2010 年台湾咖啡大师比赛第 4 名。求学时期就在台北咖啡店打工，曾任职于台中欧舍咖啡。26 岁那年返回嘉义经营 33 号咖啡店，至今已有 10 年的时间，2013 年就近迁至新址，更名为"33+V."。

冲煮咖啡的比例，有逐渐增长的趋势。"除了推广咖啡，他也通过摄影记录下嘉义的风景人文，并且制作成明信片，在店内销售。

通过电视、报纸的多次报道，李哲仁的创业过程可以说已广为人知。从早期借用母亲传统早餐店的艰难经营，到现在装潢一新的"33+V."，历经的动荡磨难让他成熟了许多。

对于想要经营自家烘焙咖啡馆的朋友，他很直接地说："你为什么觉得去学了几个月的课程，就能把它当作一个职业呢？我认为，如果想把咖啡师当成毕生的工作，必须付出很大的代价。"他更举例说明，如果是一个人经营咖啡馆的老板，就要学习怎么面对客户，组建起团队后要学习如何面对员工，而专职烘豆师则要学习如何面对负责冲煮的咖啡师。

透过卤素灯座观察表面的油脂感

以两平匙（约 20 克）咖啡豆，研磨粗细为富士鬼齿磨豆机刻度 6.5，先过筛后，再倒入滤杯内。冲煮浅烘焙咖啡时的水温约 93℃，闷蒸时间 30 秒，其间断水 1 次，最后萃取出 150 毫升咖啡液，使用的器具是 Kalita 经典铜质手冲壶与梯形三孔滤杯。玻璃壶下方是卤素灯座，李哲仁觉得它除了有保温的功能之外，还能清楚地观察到表面的油

脂感，从而得知质地的厚实度。

平衡而协调的核果香气

被命名为"Rainbow"的综合配方中，包括了哥斯达黎加、日晒西达摩、水洗耶加雪啡等咖啡豆，采取混合烘焙的方式，烘焙程度为一爆接近结束。纯饮浓缩咖啡时，能感受到很强劲的酸质；而且这样的果酸味并不常见，伴随着平衡而协调的核果香气。李哲仁觉得这款配方豆就像彩虹一样，让人感觉很舒服。就算初次接触浓缩咖啡的朋友，也能很轻松地去喝，感受到咖啡本身就有的甜感。

另外，李哲仁很迷恋拉霸式咖啡机冲煮出来的风味，因此在综合配方豆上会特别注重后段余韵的表现。他加重语气说："客人很难得来喝咖啡，所以我们想让他感受到香味能够保留很久，不管是在嘴里还是在杯底。"而且他希望消费者在购买回去后，也能够很轻松地重现出类似的风味，这一点对他来说更为重要。

对于如何表现后段余韵，李哲仁觉得，在烘焙时要让生豆的水分平均地释放出来，保留烘豆师想要的部分。简单来说，就是找出可用的最小风门及闷豆的时间。

1 可爱的大眼睛心形拉花。

2 3 台意式磨豆机各有任务，最右边的 Major 平刀式负责研磨综合配方豆；Mazzer Robur 则负责浅烘焙；而 SuperJolly 能让中、深烘焙的咖啡豆保留原有的粗犷风味。

3 经典拉霸式咖啡机，带人找寻意式咖啡的源头。

4 Faema E61 有自然水压，李哲仁常用这个功能来冲煮。前段用自然水压（约 3 巴，1 巴＝10^5 帕）预浸 6 秒，接着用 9 巴的压力正常萃取，最后再用自然水压流出最后一小段，总共萃取 25 毫升的浓缩咖啡，用时约为 27 秒。

```
        2
1   |   3  4
```

升温状况的差异

　　提到从 1 千克升级到 4 千克级半热风式烘豆机，李哲仁说："在不改变火排的情况下，火力与烘焙鼓的升温状况是不对等的，两者差异很大。"另外，对于外露式的皮带要特别注意，要避免在转动时用手触碰。

| 咖 | 啡 | 大 | 叔 | 品 | 味 | 时 | 间 |

埃塞俄比亚日晒耶加雪啡Gamana
(Ethiopia Yirgacheffe Gamana DP)

具有草莓似的香气，前段有上扬而且舒服的酸质，像喝到柳丁汁一般，但余韵稍弱。

	0	1	2	3	4	5
苦味			▽			
酸味					▽	
甜味					▽	
香气					▽	
回甘		▽				

part **4** 新旧文化的
交界线

台南

艾咖啡 "拉花的诀窍是先练好打牛奶，奶泡就像是咖啡师的颜料。"

甘单咖啡 "从烘焙和化学的角度来看，不管怎样都要先烘甜；焦糖化要有，香味则靠咖啡生豆的本质去表现。"

St.1 "除了一定要烘熟之外，我还会去闻咖啡生豆在每一个阶段的味道变化。"

道南馆 "适当地传达出精品咖啡的丰富感，就是好的烘焙。"

高雄

Café 自然醒 "最重要的是水分。咖啡生豆要靠水才能完成风味的转换，烘豆说穿了就是在'玩水'。"

草图自家烘焙咖啡馆 "如果咖啡本质很好的话，粉量用少一点，味道才能拉得更开。"

真心豆行 "我喜欢'透明'一点的味道，刚入口也许比较淡，但温度降低后，风味很好。"

Gavagai Café "咖啡是需要味觉的饮品，所以店里面的空气应该要干净。"

宜兰

青果果咖啡﹛蔬﹜食堂 "尾段排风尽量排干净，不要积灰，才能减少烟熏味。"

昀顶咖啡 "冲煮浅烘焙咖啡豆时的水柱比较细，是为了让风味表现得更饱满。"

花莲

Giocare "我喜欢先试单一豆子的味道，再抓比例。"

艾咖啡 拉花"神之手"

☕ 台南市中西区西华南街 15 号　　☎ (06) 222-1387

2011 年底，程昱嘉在结束经营了 5 年的早餐店后，把店迁到现在的骑楼下，在面积不到 10 平方米的木制吧台，经营以外带为主的街边咖啡吧。在拿下拉花冠军的荣誉之后，这家店顺势成了咖啡迷们来到台南必访的店家之一。有着稚气脸庞的程昱嘉，就算已经在咖啡拉花界闯出了名号，却常被客人认为是初出茅庐的年轻新手。很容易脸红的他，有时候真的不知道该怎么解释。

对他来说，咖啡拉花就像是个业务人员，负责站在第一线来面对消费者。但如果业务人员不够好，也就是说咖啡不够好喝的话，该怎样取得客人的信任呢？"我没办法很快地跟客人混熟，拉花就是把你带进我的咖啡世界的最快方法。"所以在赞叹他的拉花技巧的同时，也请用心品尝杯里的味道。

夏天挥汗如雨，冬天冷风飕飕，就是骑楼下咖啡路边摊的真实写照。程昱嘉有点感慨地说："身为一名咖啡师，我在一个这么不稳定的环境中，还得想办法提供品质稳定的咖啡。"所以他觉得，就是在这段艰苦经营的 2 年时间里，他有了很大的成长。

问他这种外带咖啡和目前移到室内的经营模式之间的差别在哪里，他回答道："最大的差别在于选择单品咖啡的客人变多了。以前可能客人都只是为了看拉花而来，现在则比较有心情

程昱嘉，35 岁，巨蟹座

曾于 2011 年、2012 年分别获得台北市咖啡拉花比赛亚军、冠军的殊荣，同时也是 2013 年台湾咖啡拉花大赛的第三名；2014 年更入围台湾咖啡大师比赛复赛，现于台南与友人庄文彦共同经营艾咖啡。

在店里享受一杯咖啡。"整体来看，来客数的提升是最直接的；而产品销售的结构也随之改变，更是个好现象。

足迹遍及台湾各地，还有丰富的教学经验，艾咖啡的程昱嘉不藏私地跟大家分享拉花的诀窍："先练习好打牛奶，奶泡就像是咖啡师的颜料。"他认为，发泡量多不代表绵密，绵密的奶泡代表的是均质。拉花需要的是流动性高的奶泡，均匀而细致，发泡量以约 20% 为最佳。"稳定的距离、角度、流速，同时流量要一致。"这是他对咖啡拉花的定义。所以要在极短的时间内，在拉花的钢杯与咖啡液面之间形成完美的配合，必须通过不断地练习，让身体形成记忆。但和棒球投手一样，因为紧张或其他因素的影响，在细微的动作上会有所差异。

对于想和他一样经营自家烘焙咖啡馆的年轻朋友，他的建议是："要有那种就算会很贫穷地度过好几个月的生活也要撑下去的觉悟！"想起创业过程中的窘况，他说得自己都忍不住笑了出来。

可控温细口手冲壶

手冲咖啡用 18 克咖啡粉，水温 87℃，使用 Bonavita 可控温细口手冲壶搭配 Hario V60 滤杯，以秤计量，萃取出 250 克（约 230 毫升）咖啡液。先注水浸润咖啡粉，闷蒸 15 秒后，继续注入热水，中间断水两次，分别是在 150 克、200 克重的时候，整个过程约 1 分 15 秒。可控温手冲壶是最近才换的，程昱嘉说："之前先用热水壶加热，再倒进手冲壶里，需要一些时间等温度下降；同时还要用温度计测温，比较不方便。"另外他也认为，用一直重复沸腾的热水来冲煮咖啡，会影响咖啡的味道。

烘焙味道的好坏，消费者最清楚

受限于机器设备，艾咖啡目前使用的综合配方豆是与 Cafe Lulu 合作的产品，自己烘焙的部分是单品咖啡。最早从手网烘焙开始练习，接着使用向朋友借来的富士 1 千克级直火式烘豆机。由于是很旧的款式，排风与冷却效果不佳，无法克服烘焙后的燥火味，烘焙后需要长时间养豆才能使用，给他带来了不少困扰。所以 2014 年购入的 Mini 500 半热风式烘豆机，在操作上比较符合他的需求。"自从换了新的机器以后，购买单品咖啡豆的客人来店的频率变高了。"程昱嘉认为，这其中的差别，消费者最清楚。

1 浓缩咖啡以 15 克咖啡粉，分流萃取出各 23 毫升咖啡液，用时约为 23 秒。

2 工作伙伴庄文彦除了在咖啡制作方面能独挑大梁之外，果雕装饰、甜点制作也是他的强项。

3 咖啡杯与拉花钢杯之间的角度，是藏在细节里的胜负关键。

4 Unic 意式半自动咖啡机，搭配 3 款 Compak 磨豆机，分别是锥刀版的 K10、平刀版的 K8，和负责代客磨豆的 R100。

1 2
3 4

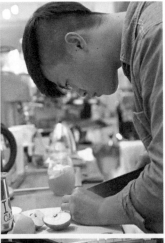

| 咖 | 啡 | 大 | 叔 | 品 | 味 | 时 | 间 |

埃塞俄比亚日晒耶加雪啡
(Ethiopia Yirgacheffe DP)

温和的酸味中带甜味，又具有浓郁的熟果香气，是搭配自制甜点的绝佳选择。

	0	1	2	3	4	5
苦味			▼			
酸味				▼		
甜味			▼			
香气				▼		
回甘			▼			

甘单咖啡 深藏在巷弄里的老灵魂

☕ 台南市中西区民权路二段 4 巷 13 号　☎ (06) 222-5919

王宏荣，39 岁，双鱼座

入行超过 13 年的时间，现为台南知名的甘单咖啡的经营者。

店长小档案

大约 14 年前，原本只是想跟朋友一起开一家早午餐店的王宏荣，在厂商的建议下，添购了小钢炮型烘豆机和咖啡生豆，开始了自家烘焙咖啡的生涯。"不含人工费用，每个月的固定开销就要几万，我们几个股东几乎没有薪水。"撑了两年半的时间，王宏荣结束了他第一次的咖啡梦想。

开店结束后，王宏荣选择去台南市政府大楼的地下室摆摊卖咖啡。"其实那时候是不想停下来，我还在一边找店面，反正就是让自己有事情做。"期间他开始自己制作烘豆机来使用，让烘焙咖啡的工作没有间断。同时第二家咖啡店也逐渐成形，取名为"Mr. Cafe"，是一家只有 16 平方米、7 个座位的咖啡店。在经营了两年多后，因为面积太小，就转移到目前的甘单咖啡。

已经成为台南巷弄景点代表之一的甘单咖啡，从开店到现在已有 7 年的时间，当初的装潢设计都是由他一手包办。"就是边做边想，也没有请设计师，没钱啊！"王宏荣突然会冒出几句腔调很好听的闽南话，他说起话来让人感觉很亲切。很多装潢素材，像老窗框、旧家具，其实都是他一直以来的收藏。原本是学水产养殖专业的王宏荣，其实集"十八般武艺"于一身。由于累积了前两家店的经验，装潢对他来说，反而不是困难的事情。

谈起经营甘单咖啡的甘苦，王宏荣觉得："很怕那种做咖啡的热情不见了，我不希望自己只是在应付客人。"以他的经验来看，南部咖啡馆的特色是容易比较吵，年轻人聊起天来比较控制不住音量，有时候会影响到想来咖啡馆享受宁静氛围的客人。虽然年轻族群是为咖啡馆提供稳定业绩的固定班底，但对于想要有更高周转率的经营者来说，这是个困难的课题。

近年来，台南的观光旅游蓬勃发展。根据王宏荣的观察："周六日需要接待一些观光客，当地的客人就会避开这个时间，或是晚上再来。"他担心，喜欢新奇事物的观光客，对于想专注于咖啡本身价值的经营者来说，口味会有所偏差。

不适合闷蒸的咖啡

手冲咖啡以 19 ～ 21 克咖啡粉，冲煮水温为 88 ～ 90℃，这两项都要依照烘焙的深浅来做调整，研磨粗细为 Ditting 最大刻度 8，最后萃取出 170 毫升咖啡液。"我烘的咖啡不太适合闷蒸！"王宏荣会观察注入热水后产生的泡沫。刚开始以实心水柱冲到粉层底部，接着才会继续绕圈的动作，在这一过程中不断调整水柱的力道。另外，在冲煮浅烘焙咖啡时，会保持较垂直的水柱和轻柔的注水力道。

1 用 13 克咖啡粉萃取 30 毫
　升浓缩咖啡，时间受到相
　关因素的影响，变化较大，
　但通常控制在 20 秒左右。

2 Faema E97 意式咖啡机搭
　配 Compak K10 锥刀式磨
　豆机。

3 非常恪尽职守的店狗——
　阿牛。

1 2 3

去除杂味的来源，表现出甜味

问起甘单咖啡的综合配方豆，"其实都是商业用的基础配方豆啦！"王宏荣从一开始就特别强调这一点。配方由哥伦比亚、巴西、日晒西达摩、曼特宁等咖啡豆组成，分开烘焙后再混合。用的是一般等级的咖啡生豆，但是在烘焙手法上却别具匠心。

"我会按照咖啡生豆的状况来调整，因为每次同一个品种会烘 3 锅。如果第一锅发现这种咖啡豆的果香味不错，接着就会特别把这个味道给强调出来；所以虽然只有 4 个品种，却通常有六七种不同的烘焙程度。"比如在配方豆中，如果都是烘焙到一爆完整结束的哥伦比亚与日晒西达摩咖啡豆，就会把哥伦比亚咖啡豆的时间拉长，让酸味比较柔和。而考虑到不同烘焙度的咖啡豆的状态也会不一样，所以在烘焙完成以后，都要放置 2～3 个星期才会拿出来使用，让它们的风味能够发展完整，在同一个基准点上被冲煮。

对于烘焙手法，王宏荣说："虽然咖啡生豆的条件很重要，但从烘焙和化学的角度来看，不管怎样都要先烘甜；焦糖化要有，香味则靠咖啡生豆的本质去表现。"他比较在意的是品尝时的口感是否干净，质地是否厚实，不能有过多的杂涩味；其次才是香味的表现。为了表现出甜味，王宏荣认为要去除杂味的来源。他会尽量把银皮脱除干净，脱水完成后，在焦糖化开始的阶段，把这一段的时间拉长。同时他觉得，一爆开始的前后 1 分钟，是风味形成的重要阶段。通过取样棒来闻香气的变化，以此来判断下豆的时机。

St.1 设计型男的温柔工业风

☕ 台南市永康区大桥一街 328 号　☎ (06) 302-9366

原本从事平面设计工作的郭柏佐，回想起踏进咖啡行业的过程，他说："我一开始并没有想开店，只是平时要找个地方处理关于设计的事情、整理资料，就会跑到咖啡店去。后来想想，将咖啡店和设计工作室结合起来应该很不错。"于是他就跟原本也是从事设计的伙伴，一起在这个地方开店，所以目前 St.1 的一二楼是咖啡店，三楼是设计工作室。

这里的装修施工过程整整耗费了 7 个月的时间，让人不禁惊呼："你是把它重新盖起来吗？"不仅如此，在前置期与设计师讨论整体规划、空间配置，更是花了 6 个月的时间。全程负责监工的郭柏佐说："其实就剩下外壳而已。台南很少有人这么做，所以我前前后后跟水电、木工、瓦工师傅磨了很久，也常发生点小口角，我还被认为是一个很'难搞'的人。"光是电线明管和二楼木制门窗的结构就拆了好几次，但完工后的 St.1 着实令人惊艳！

在整个监工的过程中，郭柏佐觉得最困难的部分，在于要协调每个工班进退场的时间。"有

郭柏佐，33 岁，巨蟹座

原本从事平面设计工作。2012 年以开店为前提，于台南甘单咖啡任职约 1 年的时间，而后经过漫长的施工装修，St.1 终于在 2014 年 5 月正式开张。

时候瓦工做到一半，水电可以进场了，就要赶紧去通知，必须把每个环节衔接得很好。"由于没有经验，所以整个工期拖得很长。

选择外形经典耐看，又不会太过花哨的 Slayer 意式咖啡机，在视觉上能够与空间融合，符合装修风格。"三孔也有三孔的好处，多一个冲煮头，可以玩些不一样的萃取方式。"郭柏佐是这样觉得的。刚开始搭配的是锥刀式磨豆机，但他总觉得这样的味道不是自己想要的，所以将磨豆机换成了平刀式的。

如果能够重来一次，郭柏佐觉得一定会再重新思考空间配置及吧台动线的规划。虽然当初已经有所规划，但实际使用起来还是有点问题。

提及在开店前曾在甘单咖啡工作了大约 1 年的时间，郭柏佐表示："能走到现在，要感谢甘单咖啡的老板王宏荣。"在朋友的介绍下，他第 1 次去喝咖啡就和老板相谈甚欢，第 2 次再去的时候，就被问要不要来上班。"那时我就很直接地跟他说，自己以后可能也要开咖啡店。"没想到王宏荣完全不在意这点，很大方地让他来上班，边做边学。"第 3 天我就被吓到了！观光客很多，外带也很多，没想到咖啡店的生意能好成这样。"这样的忙碌使他打下了良好的基础。

闷蒸时间短，中途不断水

以手冲方式制作单品咖啡时，用 18 克咖啡粉，搭配电子秤计量，萃取出 250 毫升咖啡液。水温则视不同咖啡豆做调整，控制在 87 ～ 93℃，研磨粗细为 Ditting 刻度 8（或富士鬼齿磨豆机刻度 4）。比较特别的是，闷蒸时间会视情况进行调整，但也只有 5 ～ 10 秒钟。郭柏佐说："咖啡粉吸水膨胀起来，我就会开始注水。但一开始是用细水柱缓慢地注入，甚至是用滴的。"过程中不断水，总时间约为 1 分 30 秒。

根据香味判断下豆时机

这款 St.1 二号配方中包括接近二爆的哥伦比亚，以及一爆结束的西达摩、巴西依帕内玛和玻利维亚等咖啡豆，分开烘焙后再混合，在烘焙前后都会先挑除瑕疵豆。纯饮浓缩咖啡时，完全不苦，莓果调性的酸质很柔和，整体的黏稠感、干净度都很优异，丰富的核果味在尾段出现，是值得一尝的好风味。

郭柏佐说："我喜欢酸一点的感觉。"刚开始在试着组成配方豆的时候，并没有放入哥伦比亚咖啡豆，但他觉得厚度和油脂不够，就把日晒耶加雪啡咖啡豆换成哥伦比亚咖啡豆，结果十分令人满意。会用玻利维亚咖啡豆的原因，是因为他想营造出可可巧克力的余韵甜感。

烘豆的时候一定要听音乐的郭柏佐，觉得保持愉快的心情最重要。他拿着取样棒说："除了一定要烘熟之外，我还会去闻咖啡生豆在每一个阶段的味道变化。当味道不会呛鼻，是这款咖啡生豆本该有的味道，像是花香、莓果、核果等味道出现时，就是下豆的时机。"比起观察颜色的变化，他认为味道更加重要。

1　用 9～12 克咖啡粉萃取约 25 毫升浓缩咖啡，用时控制在 20～25 秒。

2　使用 Slayer 意式咖啡机，先预浸 5～7 秒，接着增压萃取直到结束，过程中不调整萃取压力。

3　选择三孔的 Slayer 意式咖啡机，除了气势强大之外，也可以变换不同的冲煮法。

4　Compak F8 平刀式磨豆机和 Anfim 平刀式磨豆机，分别负责意式和单品咖啡。

5　二楼有一台 GS3 单孔意式咖啡机，预计会在有咖啡活动与分享会时使用。

```
      3
1 2 | 4 5
```

蒂芙尼蓝，烘豆机也很时尚

蒂芙尼蓝涂装的 Diedrich 烘豆机和裸露的红砖墙特别相衬。从 Huky 300 微型烘豆机开始入门，郭柏佐说："会这么喜欢咖啡也是因为 Huky300，它是之前有位住在下营的陈大哥无条件借给我的，就这样点燃了我对烘豆的兴趣。"而他在开店时会选择 Diedrich 的原因，也是因为常到同业那边试用，觉得操控起来很稳定，对新手来说复制性高。目前在使用上，他的习惯是每锅烘焙量为 1.5～4.5 千克咖啡生豆。他认为每次的烘焙量在 3 千克左右时升温最稳定，而量少的时候要适当地控制火力开关，才能获得想要的烘焙曲线。

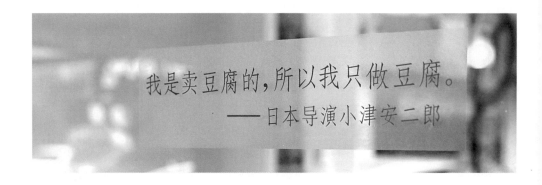

我是卖豆腐的，所以我只做豆腐。
——日本导演小津安二郎

道南馆 移居台南，缓步生活

☕ [台南新馆] 台南市中西区民权路二段 248 号　　☎(09) 1862-6131
☕ [台北旧馆] 台北市文山区新光路一段 8 号　　　☎(09) 3953-2215

　　人称"小胡子老板"的王乐群，2010 年在木栅开设道南馆自家烘焙咖啡店，以坚持极浅烘焙的风格打响名号。2013 年，他的第二家店选择在台南落脚，他很谦虚地说是因为没有办法在台北购置店面，所以把梦想放在台南实现。

　　"我们希望道南馆的生命，可以超越我们的生命。"

　　王乐群认为，他在台北开店的经验，尤其是非常专注浅烘焙单品咖啡这个领域，对于将店"移居"台南有非常大的帮助。"刚开始，进来的客人几乎都是玩家或同行，大家都听说有个在台北专门做浅烘焙的人来台南开店。"而通过不吝于分享的台南乡亲们的口耳相传，王乐群觉得自己受到了很大的鼓舞。

　　目前在道南馆台南新馆没有提供意式咖啡，只有手冲和虹吸壶两种冲煮方式。"非常诚实地说，意式咖啡机的成本很高，我可以把省下来的钱拿来买更多品质好的生豆。"同时，店内的浅烘焙咖啡优先用虹吸壶冲煮，中烘焙程度的则常用手冲的方式。"习惯传统咖啡风味的客人，期待的是浓郁而饱满的味道。"他希望通过这样的方式，循序渐进地让客人感受到咖啡在香气、层次，还有甜味上的表现。

　　谈到将店"移居"台南所遇到的困难，王乐群觉得经营方面很顺利，问题反而出在烘焙咖啡上。他皱着眉头说："这 10 个月来，最痛苦的事情就是这个！"因为两地气候差异的影响，烘豆时产生了无法掌握的变因。为了克服这点，王乐群费了不少功夫。

王乐群，53 岁

　　进入咖啡行业已有 7 年的时间，2013 年移居台南，并且开设分店，目前与妻子 Joyce 共同经营道南馆咖啡店。

　　对于咖啡市场，王乐群认为，精品咖啡的发展是从降低瑕疵率到对风味的追求，"做那种生意的杯测师是在找缺点，不像我们是在找优点。"他认为，趋势就像是钟摆，从单品到意式，又从意式回到单品，差别只在于咖啡生豆品质的提升而已。"当市场一致性达到很高的时候，就会出现一个缺口。"他看到了差异化提供的优势，所以往后也不排斥在意式咖啡上找到新的突破口。这样的观念非常值得同行们深思。

效仿田口护先生的冲煮法

　　手冲咖啡利用棉花罐不锈钢手冲壶搭配 Hario V60 陶瓷滤杯，用 15 克浅烘焙咖啡粉（使用三洋陶瓷滤杯则是 12 克）萃取出 130 毫升咖啡液，冲煮水温控制在 88℃。首先注水闷蒸，时间为 20 ~ 30 秒，冲煮时会在旁边筑粉墙；每当水位齐平，就暂时停止注水。他说，这基本上跟田口护先生的手法差不多。

时间跟火力的平衡点

　　对于道南馆咖啡从开业以来都没有综合配方豆这件事情，王乐群认为："当你的单品咖啡的精致度和等级达到一定的条件之后，其本身的丰富性就会很好。"从开业的第 2 年开始采用 Ninety Plus Coffee 的精品咖啡生豆，目前该品种占店内总量的一半左右。他觉得，现在正好是单品咖啡被大家重新认识的时候，如果提供综合配方豆，难免会模糊了焦点。

　　"适当地传达出精品咖啡的丰富感，就是好的烘焙。"

　　因为他希望能够呈现出咖啡风味的复杂性和层次感，所以在烘焙上，就是尽可能地保留咖啡本身所具有的丰富度。要达到这个目的，王乐群认为，找出时间跟火力的平衡点是最重要的。"也就是说，用一段相对快的时间，但是火力不能过头。"

火味和燥味较低的电热式烘豆机

目前摆放在道南馆台南新馆店内的是 Topper 1 千克级电热式烘豆机。王乐群表示，自己最早是从 M3 微型烘豆机开始入门，所以对采用电能加热的方式比较熟悉。"相对于燃气火排，电热式的好处，就在于不会有那么强烈的火味和燥味出现。"这样的方式，也符合他对于风味细致度方面的要求。

使用 Topper 已经有 7 年，王乐群觉得这台烘豆机的蓄热条件非常好，就算是关掉热源后，温度还能持续上升 2 分钟左右。"以半热风式烘豆机来看，火力足够的状态下，空气的流动、交换顺畅的话，热效能会更好。"唯一要注意的是，由于冷却盘和加热管的位置比较靠近，要等冷却完成后，才能继续进行下一锅的烘焙。

1　将虹吸式咖啡以 15 克咖啡粉，萃取出 150 毫升咖啡液。酒精灯加热后，水位上升至上壶的 1/3 时倒入咖啡粉；平稳地搅拌，以香气和混合的状态来判断第 2 次搅拌的时机。

2　手冲咖啡使用富士鬼齿磨豆机研磨，研磨刻度 5。

3　架子上像银色砖头的物体，其实是真空包装的咖啡生豆。

| | 2 |
| 1 | 3 |

| 咖 | 啡 | 大 | 叔 | 品 | 味 | 时 | 间 |

巴拿马伊利达庄园
(Panama Elida Estate)

具有明显的麦芽糖甜感，青苹果般的酸质，余韵悠长。

	0	1	2	3	4	5
苦味		▽				
酸味					▽	
甜味				▽		
香气				▽		
回甘				▽		

Café 自然醒　世界烘豆大赛冠军

☕ [Café 自然醒] 高雄市苓雅区中山二路 463 号　　☎ (07) 536-6067

☕ [握咖啡] 高雄市鼓山区滨海二路 5 号　　☎ (07) 533-7377

赖昱权，37 岁，天秤座

世界烘豆大赛冠军、获 SCAA Q-Grader 杯测师资格。求学时期就在云林古坑的咖啡店半工半读，接触咖啡冲煮与烘焙长达 5 年的时间，并于 2007 年参加台湾咖啡大师比赛，而后任职于以精品咖啡为主的咖啡馆。2011 年 5 月在高雄创立"Café 自然醒"，隔年成立外带模式的"握咖啡"。

2014 年，赖昱权前往意大利参加世界烘豆大赛，夺得冠军后受到各界关注，大家都想知道他到底是怎么办到的。

谈起接触烘豆这个领域的原因，是 16 年前，因为半工半读，他找了一份在云林古坑咖啡店的工作。"开始是觉得煮咖啡很帅气，后来除了冲煮，也跟着老板学会了怎么把咖啡生豆烘熟。"原本学设计的赖昱权，熬夜时就常喝咖啡提神，自己在咖啡店打工后也省下不少咖啡钱。毕业后，任职于台北精品咖啡连锁店，在长达 4 年半的时间里，都随着老板走南闯北地在各地开分店。"我每天都在喝不同国家、产区的咖啡，对于味道的渴求越来越强烈。"离职后在朋友的介绍之下，赖昱权前往美国波士顿拜访传奇烘焙大师 George Howell，并在他的烘豆厂内一起进行咖啡杯测，那时的赖昱权兴起了想要考杯测师的念头。

2011 年 5 月在高雄开设 Café 自然醒。赖昱权谈起他找店面的原则："要有停车场，离捷运站近，要巷子转进来的第 1 家店，这里完全符合当初设定的目标。"他笑着说，用 4 名员工服务 20 个座位，这不是家赚钱的店，而是交朋友的咖啡店。"台南的土地是会黏人的！"他持续地深耕这个市场，并开设了以外带咖啡为主的握咖啡。

为了贯彻开店前的理念，2012 年 9 月，赖昱权前往香港考取了 SCAA Q-Grader 杯测师资格，同时认识了在橙红的林哲豪，其后来成为赖昱权参加世界烘豆大赛的教练。其实赖昱权在 2013 年就参加过这个比赛，但只拿到第 12 名的成绩。问起他如何在一年的时间内取得这么大的进步，他说："在高雄举办大港杯国际咖啡烘豆赛时，我担任工作人员，发现了究竟是什么味道才会'跳出来'，容易被评审喝到。"

在意大利里米尼的世界烘豆大赛中，指定豆是水洗处理的哥斯达黎加，但是在比赛时，选手并不会知道，必须先做咖啡生豆分级评鉴。接着先用比赛指定豆在样品机上烘焙一次，再用比赛指定机烘焙样品豆，选手按照这两组数据来拟定烘焙计划表。最后才是用指定烘豆机烘焙指定豆，有 9 千克的指定豆可以用，最后交出 1.5 千克熟豆用于评审计分。赖昱权使用 2.5 千克的咖啡生豆在 6 千克级烘豆机内烘焙，烘焙时间约为 8 分钟，以强烈的酸质和坚果调性获得了评审的青睐。

对于想要开自家烘焙咖啡店的朋友，赖昱权说："做咖啡的都是浪漫的傻瓜，如果你要浪漫就不要怕傻，做自己想做的事。想要赚钱就不要做咖啡。"

根据香气判断萃取程度

店内以虹吸式咖啡为主，使用 22 克咖啡粉，研磨粗细为富士鬼齿磨豆机刻度 3.5，水量约为 200 毫升。冲煮前会将研磨好的咖啡粉置于上壶，并拿到客人桌边进行闻干香气的步骤。赖昱权希望通过这个过程，制造工作人员与客人互动的机会，有任何问题都可以直接沟通。先让

热水缓慢地上升到上壶，偏离热源，保持水位稳定后，轻轻搅拌；整个时间很短，只有 15～20 秒，要根据香气来判断萃取程度。然后，与传统使用湿毛巾冷却下壶的做法不同，什么都不做，让咖啡液自然下降，完成萃取。上桌时用不同杯子盛装，方便客人品评香气。

充满浪漫情怀的"Dear J"

独爱埃塞俄比亚咖啡豆的赖昱权，使用水洗和非水洗共 3 款咖啡豆，采取分开烘焙再混合的方式组成综合配方豆，包括耶加雪

1 有蜂蜜与蔗糖的甜感，略带核
  果味，有北欧风格。

2 使用 20 克咖啡粉，分流萃取
  出各 30 毫升浓缩咖啡，时间
  约为 25 秒。

3 意式咖啡以 Rancilio 半自动咖
  啡机搭配 Anfim 磨豆机，虹
  吸式咖啡则是用富士鬼齿磨
  豆机。

4 冠军奖杯肯定了赖昱权在咖
  啡之路上的努力。

啡和西达摩咖啡豆，烘焙程度在一爆密集再后面些。谈起配方概念，他说："之前有个女孩在找一款咖啡豆，想要有发酵的水果味和清爽的口感，甜度又要高，我怎么听都不像是单一风味。"就试着调出这样的味道，这款配方也用这个女孩的名字命名为"Dear J"。赖昱权在说这件事情的时候，旁边的员工都笑了，看来似乎还有一段浪漫的故事在里面。用虹吸壶萃取时，有着柠檬香气和熟苹果的甜度，伴随着茉莉花香和奶油香，以及核果的油脂感。

怎么烘出美味的咖啡？赖昱权说："最重要的还是水分。咖啡生豆要靠水才能完成风味的转换，烘豆说穿了就是在'玩水'。"其中的诀窍就在于烘焙时，他会寻找生豆水分散失的那个点，然后让这个过程更加完整。也就是在一爆开始时加大排风速度，尽量把水分往外带。另外，在烘焙前后，他都会手工挑除瑕疵豆，由此可以看出他对于咖啡品质的坚持。

烘豆师是咖啡的"译者"

同时使用 Kapok 1 千克和 5 千克级烘豆机，赖昱权的经验是："跟日制直火式烘豆机比较起来，用这台机器会使得咖啡的厚实度增加，酸度减少，干净度非常好，也不太容易烘坏豆子。"他觉得咖啡豆的本质是固定的，烘豆师比较像"翻译者"，从不同的角度来诠释咖啡的风味。

草图自家烘焙咖啡馆
热情，并不是写在脸上

☕ 高雄市前金区中正四路 111 号　　☎ (07) 215-560 订豆专线

　　本科专业是产品设计的许正宗，因缘际会地在咖啡馆找到咖啡吧台手的工作。"朋友是在自家烘焙咖啡店上班的烘豆师，有一天问我要不要进来自己煮杯咖啡，结果他把我煮好的咖啡端去给董事长喝，喝完就顺便叫我填了一张履历表。"这份工作除了冲煮咖啡之外，也让他开始对如何烘焙咖啡产生兴趣。

　　从手网烘焙开始，到自己买了一台 Huky 家用式烘豆机在家里练习，许正宗渐渐地就上手了。"跑去买机器的时候，才发现设计者是我高职的制图老师！"接下来，他花了半年多的时间找店面，又在 2011 年选择在高雄市议会捷运站附近开了草图咖啡。

　　谈起去参加台湾咖啡大师比赛的原因，他说："我总是闷着头在自己店里煮咖啡，想要去

许正宗，38 岁，处女座

2009 年正式踏入咖啡行业，在高雄某咖啡馆工作；2011 年开设草图自家烘焙咖啡馆，两次参加台湾咖啡大师比赛，目前与妻子蔡孟霓共同经营咖啡馆。

看一下其他咖啡师是怎么做的。"或许是因为那一次的成绩很不理想，说起这段经历，许正宗的情绪激动起来。"原来有那么多东西是自己不知道的！我整整 1 个月晚上睡觉都梦到在填压。"上台时紧张到忘记微笑，被评审说缺少热情，这一点对许正宗打击很大。

"有时候要在现实跟梦想之间做取舍，但还是要以不违背自己的原则为主。"由于许正宗自己喜欢香气强烈的浅烘焙咖啡，所以在创业初期，店里的咖啡豆多以浅烘焙、极浅烘焙为主，那时客人总是反映咖啡的酸质太过强烈。经过摸索后，他发现酸甜苦的平衡也是表现咖啡风味的方法之一，目前也会提供中烘焙程度的咖啡豆。另外，为了把焦点放在咖啡上，要不要继续提供"松饼""雕花教学"等很受客人欢迎的项目，让夫妻俩在经营上难以抉择。

对于想开自家烘焙咖啡店的朋友，许正宗建议："先在咖啡馆工作一段时间，了解了经营的实务部分再说，不要光靠热情就去开一家店。"同时他也认为，在生活上要有其他兴趣，像运动、摄影、阅读等，才能维持对咖啡的热情。因为在开店初期，如果生意不如预期的话，热情很容易就会被磨灭。

咖啡本质好，用量就少

手冲咖啡以 18～20 克咖啡粉，富士鬼齿磨豆机刻度 4～4.5，

萃取出 220 毫升咖啡液。水温 88 ～ 92℃，闷蒸 20 ～ 30 秒，过程中会断水两次，分别是注入水量为 120 毫升和 190 毫升的时候。简单来说，烘焙程度较深的咖啡，会用较少的粉、较低的水温、较短的闷蒸时间。但许正宗透露说："如果咖啡本质很好的话，粉量可以用少一点，味道才能够拉得更开，特别是 Ninety Plus Coffee 的产品。"

一把剪刀就能测量咖啡豆熟了没

名为"在山中做梦"的综合配方豆，里面包括水洗耶加雪啡、哥斯达黎加蜜处理、巴西达特拉庄园等咖啡豆，分开烘焙后再混合。前者烘焙至接近二爆，后两者皆为一爆结束。这样处理的原因是他觉得耶加雪啡的酸质过于尖锐，所以稍微烘深一点，而这样的烘焙程度在草图咖啡已经算是最深的了。

关于配方的概念，许正宗说："我喜欢清爽的甜，不会太沉重，口感顺滑、香气明显。"前段是蜜处理的上扬甜感，中段能明显感受到巴西豆的核果味，而耶加雪啡则负责辅助，衔接前、中、后段的风味，提供清爽的柑橘酸香。虽然配方会经常更换，但依然会是类似这样的调性。

大家常说烘焙咖啡最重要的就是要烘熟，对于这点，许正宗教了我们一个判断咖啡豆是否熟透的方法。他说："在没有任何仪器的辅助下，就直接拿一把剪刀，戴上手套，把锅内的咖啡豆直接拿一颗出来剪开，从颜色就可以判断其水分脱去的情况。"另外，也可以通过观察咖

1 两台意式磨豆机的高低不同，
　是为了使用时的方便顺手。

2 浓缩咖啡是使用 La Marzocco-
　Linea 意式咖啡机，搭配 VST
　滤杯及 Major 定量磨豆机，用
　20 克咖啡粉分流萃取各 28 毫
　升咖啡液，时间为 30～33 秒。

3 英文菜单对于外国朋友来说，
　非常亲切。

4 咖啡器具也是销售咖啡豆的好
　帮手。

```
    2
1   3  4
```

啡豆的中心线有没有膨胀、张开，来决定闷蒸和脱水的时间点。

　　对于刚接触烘焙咖啡的新手，许正宗建议，多喝不同店家的咖啡，先找到自己喜欢的味道，然后试着调整烘焙手法，重现这个味道，最后再调整成自己想要呈现的风味。

直火机独特的奔放香气

　　对于之前购入的 3 千克级直火式烘豆机，许正宗觉得，相对于变因多、难控制的家用型机器，营业用机器比较稳定，而直火机独特的奔放香气更是他一直都很喜欢的。"换成大台机器的好处，就是可以早一点回家睡觉了。"他的老婆在一旁补充说。

咖 啡 大 叔 品 味 时 间					

哥斯达黎加蜜处理
(Costa Rica Honey Process)

虽然是浅烘焙，但酸味不明显，整体风味就像是稀释过的酸梅汁。

	0	1	2	3	4	5
苦味				▼		
酸味				▼		
甜味				▼		
香气				▼		
回甘					▼	

真心豆行 独一无二的"甜蜜乐章"

[真心豆行] 高雄市新兴区洛阳街 38 号　　☎ (07) 236-2553

[咖啡叙事曲] 高雄市苓雅区永定街 85 号　　☎ (07) 536-3618

　　从音乐圈转战咖啡界，吴建彰回想起之前创业的历程："开店初期用进口豆，着重于意式咖啡，后来又加进早餐等项目。"经过三年的惨淡经营，终于站稳脚跟。但由于座位数不够，营业额增长受到限制，吴建彰便起了拓展分店的念头。"我不想让咖啡馆像连锁店一样！"为了突出区别，他将分店取名为"咖啡叙事曲"，也新增了单品咖啡的供应。

　　平均 3 年开 1 家店，听起来挺有规模。但吴建彰却有点不好意思地说："其实我们资金有限，店刚开业时用的都是"中古"咖啡机，后来存了钱才换购新机。"但在食材选择方面他却不含糊。距离咖啡叙事曲不远处的街角就是吴宝春面包店，开业时他不惜成本地毅然采用，深得消费者的喜爱。

　　2013 年才开业的真心豆行，舍弃之前的轻食餐点模式，以提供咖啡类品种为主，茶饮和

店长小档案

吴建彰，48 岁，摩羯座

在五大唱片公司待了长达 20 年的音乐人，转换跑道来咖啡业界，目前经营 always A+（以餐食为主）、咖啡叙事曲、真心豆行 3 家不同风格的咖啡店。

1　过筛减少细粉，让味道更干净。

2　用 16 克咖啡粉，分流萃取各 30 毫升浓缩咖啡，时间为 25～30 秒。纯饮时微酸的口感非常舒服，有明显的苦甜巧克力风味，尾韵则是黑糖般的甜感。

3　店内使用 Simonelli 双孔半自动意式咖啡机，搭配不同型号的磨豆机：Robur、Super Jolly。

1 2 3

比利时列日松饼为辅。"本来的设定是一家外带店，前 3 个月的生意不好，但到后来进店喝单品咖啡的客人非常多。"这让吴建彰很意外。以单品咖啡每杯约 30 元人民币来看，因为用的都是 Tchembe、Nekisse 这类的精品庄园豆，所以虽然店里没有冷气可以吹，但还是时常客满。另外，少量袋装咖啡豆和挂耳包咖啡的销售量也很稳定地在增加。

晚上 6 点就打烊的真心豆行，这样的经营模式和台北不太一样。"在时间内做足就好了啊！拉长也没有用。"吴建彰觉得，高雄的消费者愿意在晚上喝咖啡的不多，尤其是在以住宅区为主的商圈。

"一定要到处喝。从北到南，我喝过很多家自家烘焙咖啡店的咖啡。"对于想要开自家烘焙咖啡店的朋友，吴建彰建议，除了学习冲煮技术外，经营方面更要多下功夫，比如菜单设计以及产品销售，这些才是咖啡馆获利的不二法门。

入口较淡，降温后风味绝佳

先将 18 克咖啡粉过筛，大概会筛出 0.3 克的细粉，冲煮水温则按照咖啡豆烘焙度的深浅不同做调整，控制在 87～90℃；闷蒸时间也依照深浅控制在 15～25 秒；冲煮时不断水，最后萃取出 200 毫升咖啡液，手冲壶是 Takahiro 不锈钢细口壶。"我喜欢'透明'一点的味道，刚入口也许比较淡，但温度降低后，风味很好。"咖啡温和的口感就像他本人一样。

浓缩咖啡就像一曲"甜蜜乐章"

名为"甜蜜乐章"的配方豆，包括烘焙至一爆密集的水洗西达摩、一爆结束的巴西达特拉庄园甜蜜日晒和哥斯达黎加塔拉珠，以及烘焙到接近二爆的苏门答腊曼特宁等咖啡豆，采取先烘焙再混合的方式。学音乐的吴建彰觉得，浓缩咖啡就像是一首乐曲，会有高中低音。非洲豆的明亮度就像是高音一般，中美洲豆负责协调，比较温和的巴西豆则像是和音一样，而亚洲豆浑厚的质感就像低频的乐音，所以要通过分别烘焙来表现出它们各自的特色。

关于烘焙手法，吴建彰认为："口感和香气必须取得平衡。就算是在极浅烘焙的时候，也要让前段的香气出来，而且后面的尾韵与甜感一定要有。"所以他觉得，只要把脱水阶段做足了，就算是一爆开始 40 秒就下豆，也不用怕会有未熟的风味。

寻找记忆中的味道

从 M3 微型烘豆机开始接触烘焙，到 2011 年购入 Diedrich 2.5 千克级烘豆机，吴建彰曾经直接用两袋生豆来做练习。从反弹点的高低、升温快慢到烘焙时间长短，他都做过测试，就这样靠着自学，他得到了记忆中的好味道。其间他也时常到台北向知名极浅烘焙咖啡店的老板请教，讨论自己的烘焙曲线，找出每个步骤对于咖啡风味的影响。

看起来像是药罐子，但里面装的是咖啡豆。

咖 啡 大 叔 品 味 时 间	苦味	酸味	甜味	香气	回甘

埃塞俄比亚日晒耶加雪啡谷吉
(Ethiopia Yirgacheffe Guji DP)

带有明显的熟果香气，微酸甘甜，干净无杂味。

	0	1	2	3	4	5
苦味		▼				
酸味					▼	
甜味			▼			
香气				▼		
回甘	▼					

Gavagai Café
坚持单一风味，追求完美境界

☕ 高雄市三民区敦煌路 80 巷 11 号　　☎ (07) 395-8857

蓝启航，36 岁，双鱼座

从大学时期在连锁咖啡店半工半读开始，经历了 Rufous、湖畔咖啡等自家烘焙咖啡店的"洗礼"，2011 年在高雄开设 Gavagai Café。个性低调，善于用咖啡与客人对话。

第一次见到蓝启航是在台北刚开张不久的 Rufous 咖啡店里，相对于小杨的"高酷帅"，大家比较容易忽略蓝启航的存在。大学就读餐饮管理专业，毕业后准备考研究所的蓝启航，原本只有在连锁咖啡店打工的两年多经验。"这段时间，我喜欢上了咖啡馆人与人互动的感觉，会认识小杨，是因为他是我的主管。"回想起当时，他说："在 1 年多的时间里，我认识了很多同行前辈，从连锁咖啡跨越到精品咖啡领域，我得到了很多不同的想法。"同时他也了解到了烘焙咖啡的粗浅概念。

接着他在嘉义的湖畔咖啡工作，"跟着郎叔学会烘豆，见识了他对咖啡生豆品质几乎狂热的追求，让我认识到咖啡的可能性。"在这段时间，蓝启航除了冲煮咖啡之外，也开始负责烘焙咖啡豆的工作。

但是后来面临母亲手术，必须请假回家照顾的状况，蓝启航觉得到了返乡的时候了。2011 年，他选择在高雄开设 Gavagai Café 自家烘焙咖啡店，"咖啡是需要味觉的饮品，所以店里面的空气应该要干净。"因为这样的理念，他坚持只卖咖啡和甜点。他知道这是一场赌注，对于消费习惯不同的高雄乡亲来说，也是一场味觉的革命。

体验过台北、嘉义、高雄等地的咖啡消费市场，问起蓝启航其中的差异在哪里，他说："北部的客人流动性较大，很多都只是在享受空间氛围。而南部的消费者针对性较强，他们几乎都是想要认识咖啡或非常喜欢咖啡的。"对于想要开自家烘焙咖啡店的朋友，蓝启航的建议是，要找市场上没有的东西，发掘消费者的需求。一味地模仿复制，只是在既有市场"抢食"而已。

低温冲煮法，后段香气较强烈

虹吸式咖啡使用 24 克咖啡粉，萃取出 180 毫升咖啡液。很特别的手法在于，下壶先加入 120 毫升的热水，等到热水受热上升后，再在上座倒入 100 毫升冷水，用 70℃ 左右的较低水温来做冲煮。进行两次搅拌和一次摇晃，总时间约为 1 分钟。蓝启航说："我个人偏好用较低的温度来萃取咖啡，用这种方法呈现出来的味道，后段的香气会比较强烈。"

追求好喝的咖啡，而不是一模一样的味道

这家店没有综合配方豆，而是以单一庄园咖啡豆来制作浓缩咖啡，也就是所谓"Single Origin 浓缩咖啡"的概念。之所以没有综合配方豆，是因为"配方就像是用大问题来解决小问题。我们期待每款咖啡豆在风味上有所互补，却忘记了它们本质上的不完美依然存在。"蓝启航认为，就算是同一款咖啡生豆，每次烘焙时还是需要稍微进行调整，因为他是在追求好喝的咖啡，而不是一模一样的味道。

对于烘焙度的选择，蓝启航说："通常我烘焙的咖啡豆都不会到二爆，因为自己不喜欢焦

1　除了原本惯用的 La Marzocco GS3 意式咖啡机，最近也添购了 Synesso 变压舵式版。

2　浓缩咖啡的萃取颇为巧妙。先利用自然水压预浸 3 秒钟，接着用 7 巴（1 巴 = 10^5 帕）的压力萃取 5 秒、10 巴的压力萃取 9 秒，最后降压，用 7 巴的压力萃取至结束（以咖啡液的颜色偏白为准），整个过程约 30 秒。

1　2

油味，所以会尽量避免让这种风味出现。"选在一爆结束后到接近二爆这个区间下豆，目的是让萃取出来的浓缩咖啡油脂感丰厚、甜味提高、酸度降低。在烘焙不同处理的咖啡生豆时，也有不同的手法。像是水洗或硬度较高的，会用较大的火力来烘焙；质地相对脆弱的日晒豆，则会通过一爆结束就关火滑行的方式把酸质去除，让甜感增加。

好就好在小，坏也坏在小

对于用习惯了的 Mini 500 半热风烘豆机，蓝启航觉得这款机器在风门改款后的操控性比较好，而旧款只有大、中、小三段控制。"好就好在它小，坏也坏在它小"，由于每次烘焙量少，当想做新的尝试时，每一锅可以迅速地修正，但产能无法提升却是难以解决的问题。另外，因为小型烘豆机的火力升降很快，所以在下豆前，都会关闭炉火，滑行 15 秒左右，使咖啡豆烘焙度的一致性较好。

｜咖｜啡｜大｜叔｜品｜味｜时｜间｜

巴拿马翡翠庄园瑰夏批次3
(Panama Esmeralda Geisha Lot3)

具有花香，葡萄般的微酸口感，前、中、后段饱满，风味很扎实的一款咖啡。

	0	1	2	3	4	5
苦味			▼			
酸味				▼		
甜味					▼	
香气					▼	
回甘				▼		

青果果咖啡 { 蔬 } 食堂
坚持手作，一如本味

☕ 宜兰市礁溪乡奇峰街 4 号　　☎ (03) 9871-015

　　5 年前，吧台师蔡升原和从事文字企划工作的邱必轩两人原本想回台南开咖啡店，因缘际会，在岛内移民到宜兰礁溪，没想到他们才来 1 个月，就爱上了这里的人文风土。在资金不足的状况下，用 10 万元人民币就把咖啡店给开了起来。蔡升原笑说："好在以前有零用钱时就会买咖啡用具，甚至是遇到有店面结束营业时，就去收购便宜的烘豆机。"原本打算以手冲咖啡为主，所以店内没有配置半自动咖啡机，但为了满足想喝意式咖啡的客人，就提供用摩卡壶冲煮的咖啡欧蕾，也算是一种变通方式。

　　主要负责外场招待的邱必轩说："开店这几年是我们很重要的一段过程，以前在台北生活，讨论的都是钱、工作。来到宜兰，则说的都是怎么让这块土地变得更好的话题，客人教会了我们很多。相同磁场的朋友会互相吸引，应该就是这个道理。"他们都觉得，台北跟宜兰的人情味差很多，在宜兰这里，常可以用咖啡跟邻居换来一些蔬菜水果。

　　目前以精致蔬食料理和自家烘焙咖啡在礁溪地区打出名号的"青果果"，其实刚开始的时

蔡升原，31 岁，狮子座

从厨师到售楼接待中心里提供咖啡服务的吧台手，5 年的时间里，他学会了制作意式咖啡与店务管理。2012 年 8 月与女友邱必轩选择在宜兰开设"青果果咖啡 { 蔬 } 食堂"，提供自家烘焙咖啡与健康蔬食料理，并且落实当地经营与动物保护的项目。

候稍微有点找不到方向。"当初什么都想卖，想讨好所有的客人。"蔡升原回想起当时的状况时说。现在青果果更注重的是食材的来源与内容，包括酱料、面包、甜点都选择亲手制作，尽量避免购买现成品。这样的坚持，只是希望让客人能品尝到食物的本味。

店里收养了两只流浪狗——牛皮、猪皮。青果果在菜单上也相当友善，就算是客人带狗一起来用餐，也能在菜单上找到为狗狗们精心制作的料理。柜台上有一个用来帮助流浪猫狗的捐款箱，某次有客人觉得咖啡好喝而且东西又好吃，执意要给小费，他们就干脆将这笔钱捐出来，也想让这个善举持续下去，于是就设置了这个捐款箱。

对于给想要开咖啡店的朋友们的建议，蔡升原说："没有百分之百的资金，也要有百分之百的决心！"另外他也认为，在开店的过程中会听到很多亲友们的建议，但因为时代不同，地点和客群也不尽相同。"坚持理念很重要，开始时就要决定好方向，不要等赚钱了再来改变。"这些都是他在经营过程中逐渐领悟出来的道理。

视咖啡粉的吸水状态、颜色间歇断水

使用 Kono 滤杯，搭配水流涓细的 Kalita 铜制细口宫廷壶，用 24 克咖啡粉萃取出 240 毫升咖啡液，Kalita Nice Cut 磨豆机刻度 5.5，冲煮水温控制在 87℃。在冲煮过程中，视咖啡粉的吸水状态、颜色来判定间歇断水与停止注水的时机。

充满浓浓焦糖香味的咖啡欧蕾

店里没有意式咖啡机，只能用摩卡壶来制作咖啡欧蕾。搭配的是这款综合了烘焙至一爆密集的日晒耶加雪啡、西达摩和一爆结束的哥伦比亚、危地马拉等咖啡豆的配方，采用分开烘焙的方式。蔡升原觉得，这款配方豆尚未达到他认为的完美状态，接下来仍会做更多尝试。其中几款风味特色比较强烈的豆子，会单独拿来做手冲单品咖啡。

因为主要用于搭配牛奶做成咖啡欧蕾，考虑水洗非洲豆明亮的酸质与牛奶搭配会显得过于突兀，所以采用在一爆密集后仍能保留类似热带水果香甜味与柔和酸质的两款日晒豆。另外分别加入一爆结束的哥伦比亚、危地马拉咖啡豆，利用这两款豆子的油脂感与甘甜的核果风味，呈现出更均衡的层次与口感。

他说："烘焙咖啡时，我会着重于让甜味更明显。"所以在闷蒸阶段会将火力加大，等到进入到焦糖化阶段时，再将火力调小，以延长焦糖化的时间。

直火式烘豆机特有的甜感

开店前就购入的 1 千克级直火式烘豆机，虽是二手机，状态却和新机差不多，这得归功于使用者对它的细心保养与照料。蔡升原说："尾段排风尽量排干净，不要积灰，这样就能减少烟熏味。"他确实把直火式烘豆机特有的甜感表现得非常好。

1 把口号化为行动，这是"青果果"咖啡店主与友人一起保护流浪动物的心意。

2 宜兰湿气重，咖啡豆要放在防潮箱内才不会因受潮而流失风味。

3 使用摩卡壶填装 22 克咖啡粉，再倒入 150 毫升热水，萃取出 100 毫升咖啡液。取其中的 50 毫升与 200 毫升牛奶混合，就制成了咖啡欧蕾。

1　2　3

| 咖 | 啡 | 大 | 叔 | 品 | 味 | 时 | 间 |

埃塞俄比亚日晒耶加雪啡
(Ethiopia Yirgacheffe DP)

甜味很明确，柑橘酸香上扬，口感干净。

	0	1	2	3	4	5
苦味			▼			
酸味					▼	
甜味				▼		
香气			▼			
回甘				▼		

昀顶咖啡 学习，是一切的起点

☕ 宜兰市文化路 11 号　　　☎ 0913303077

许彦达，41 岁，白羊座

退伍军人，通过 SCAE 欧洲精品咖啡协会 Roasting 以及 Brewing Level 1、2 的资格认证。目前在宜兰市经营昀顶咖啡，已有 4 年的时间。

许彦达看到同事把奶粉罐改装成烘焙咖啡的器具，因而对此产生兴趣，后来购入 Gene 3D，开始在家研究咖啡烘焙。为了知道味道上的差异在哪里，他会去不同的咖啡店喝咖啡。时间久了，许彦达开始感觉到家用型烘豆机在风味上的表现不尽理想，于是又陆续添购了不同款式的烘豆机。

他曾经在桃园职训局等多处地方学习冲煮咖啡，并且报名了咖啡生豆贸易商开设的课程，跟着胡元正老师学习咖啡烘焙。"参加职训的好处是有半年的时间可以领全薪，让我可以专心学习咖啡。"许彦达对于职业生涯的规划，很有自己的想法。

197

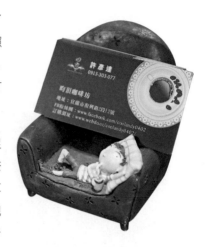

2013 年，也就是昀顶咖啡正式开张的前 1 年，为了开店，许彦达下了很大的功夫。"2013 年是我的考证照年，SCAE Roasting 以及 Brewing Level 1、2 都顺利通过，就只差 SCAE AST 考官资格还没考。"接下来，他还打算继续考取美国精品咖啡协会杯测师的认证资格。

"每个来店里的客人的要求会不一样，没办法满足每个人的需求，因此评价有点两极化。"许彦达有点无奈地说。同时也因为巷弄隐秘的缘故，几乎都是靠客人口耳相传介绍，因此他认为必须放慢经营脚步。以他自己的观察，宜兰的客人很多都是退休老师和公务员，这些消费者喜欢在家冲煮咖啡，所以咖啡豆的销售占了营业额的很大部分。目前店内轮流供应三四十款咖啡豆，也是为了让客人有新鲜感，可以品尝到不同的风味。

对于想开自家烘焙咖啡店的朋友，许彦达建议，要保持自己的原则，不需要过度地迎合消费者，自然会有属于自己的客群。

冲煮浅焙豆的水柱细，让风味更饱满

Kalita 经典铜制细口手冲壶搭配 Hario V60 滤杯，冲煮时以电子秤计量，用 20 克咖啡粉萃取出 250 毫升咖啡液，水温控制在 88℃左右。闷蒸阶段会先注入与咖啡粉等重的热水，静置 25 秒后持续注水，在注水量达到 230 毫升的时候断水 1 次。"冲煮浅烘焙咖啡豆时的水柱比较细，是为了让风味表现得更饱满。"总时间含闷蒸阶段，共 2 ~ 2.5 分钟；深烘焙的咖啡豆则会使用较大的水柱，时间也会比较短。

一爆密集后下豆，风味十足

配方中有接近二爆的黄金曼特宁、巴西咖啡豆，以及一爆将要结束的危地马拉微微特南果、荷夫莎合作社水洗耶加雪啡咖啡豆，采用分开烘焙后再混合的方式。纯饮浓缩咖啡时，酸味上扬而柔和，前中段质感厚实，能明显地感觉到核果风味。

尝试过四五十种配方比例，后来选择以黄金曼特宁、巴西咖啡豆为基底，其他的咖啡豆则负责香气和提升口感，这样萃取出来的浓缩咖啡在加入牛奶饮用时，就算不加糖，也能表现出相当多的甜感。

　　关于烘焙手法，许彦达在每一阶段的处置，会按照生豆的特性来做调整。尤其是升温曲线，同一款生豆也会有不同的升温方式，比如前快后慢、前慢后快等，从而找出最好的烘焙手法。大部分的咖啡豆会控制在一爆密集后就下豆，"这个阶段就下豆的话，本身应该有的风味会比较足。"特别重视甜感的许彦达，通过把一爆的时间拉长，让强烈的酸质得以减少，以突出咖啡豆的香甜口感。

保温效果好，不容易受外在因素影响

　　曾经短暂使用1千克级半热风式烘豆机，因缘际会下接手了美国制 Diedrich 2.5 千克级烘豆机。许彦达发现这台机器的保温效果非常好，不容易受外在因素的影响，"升温速度很稳定，可以烘出两锅风味几乎一样的咖啡豆，复制出我想要的

味道。"因为店内空间有限，目前机器摆放在顶楼。

Giocare 慢城生活，自在风味

☕ 花莲市树人街 7 号　　☎ (09) 8091-7424

在花莲经营自家烘焙咖啡馆的范暄，其实不是花莲本地人。她最早是在台中开早午餐店，店名叫作"木盒子"。开业前，她向蜜舫咖啡的郑超人学习意式咖啡基础、咖啡拉花等入门课程，一次学不好，还特别去学了第二次，但这已经是好多年前的事情了。那时还没有学习咖啡烘焙的她，只是向"咖啡叶"进咖啡豆。忙了 4 年，直到合伙人去了法国，她才把早午餐店转让出去。

"选择一个没有来过的地方，那就是花莲。"

来到花莲，需要找个地方落脚，做陶器的朋友也想找一个可以当工作室的地方。范暄打听到有人说有一间老屋要出租，刚好房东只想租给艺术工作者。后来才知道那里曾经是已故文学家孟东篱的暂居之处。

"那时候这里跟废墟差不多！"看完屋子之后，她没被吓跑，反而马上约房东签下租约。

范暄，33 岁

进入咖啡行业已有 13 年的时间，曾在台中开设早午餐店。移居花莲后，担任过自家烘焙咖啡店店长，现和友人共同经营由老屋改造的 Giocare 咖啡店。

其实在 2009 年时她就已入驻，搭好了吧台，也添购了器具，却迟迟没有开业。直到 2012 年才正式对外营业，而且只利用屋外庭院的空间摆放桌椅，让客人坐下来喝咖啡，顺便销售手作陶器。从忙碌的台中早午餐店移居到花莲来，范暄说："因为这里的生活节奏，我所有的脚步都放慢了一点。"但她也感觉到了咖啡文化的差异。当时花莲的浅烘焙精品咖啡市场还在起步阶段，范暄就率先引进了相对高价的 Ninety Plus Coffee 产品，来测试消费者的反应。

谈起在花莲经营 Giocare 的甘苦，范暄说："其实刚好是天时地利人和，唯一觉得不足的，是咖啡设备还不够齐全。我一直想要升级烘豆机，因为现在每天早上醒来就要开始烘豆。"随着咖啡豆销量的提升，目前场地和机器已经不够用了。至于咖啡豆的销售业绩持续增长，她觉得，是自己走出了另外一种竞争比较少的浅烘焙风格，但也是通过不断地和当地消费者沟通，让他们能够接受这样的味道。

被问及对想要经营自家烘焙咖啡馆的朋友有什么建议时，她说："要先知道自己最喜欢的东西是什么，如果觉得这个也好、那个也好，就很难找到方向。"比如台北的 Coffee Sweet 和台中的"咖啡叶"，都给了她很大的影响，所以她就会想要呈现出类似的风味，同时还感受到咖啡竟然可以这么有趣。

1 隐藏在老屋内，推开木门才知道是咖啡馆。

2～4 为了配合老屋的氛围，装潢也走复古风。

5 小学生的课桌椅，在这里被重新利用。

1 2 3
4 5

短闷蒸、多断水，轻柔的冲泡技巧

　　手冲咖啡使用 15 克咖啡豆，研磨粗细为富士鬼齿磨豆机刻度 5，萃取出 180 毫升咖啡液，粉水比为 1：12。闷蒸时间很短，将咖啡粉轻柔地浸泡一下就开始萃取。很特别的是，在冲煮过程中会断水多达 5 次以上。范暄说："我有时候喜欢看水冲起来的高度，去决定口感。"她惯用 Hario V60 锥形滤杯，搭配有着极细水柱的圣一牌棉花罐不锈钢手冲壶，有时也用月兔印珐琅壶。

1～2 有家猫也有流浪猫，这里是猫咪的游乐园。

3～4 浓缩咖啡以 16 克咖啡粉萃取 35 毫升咖啡液，用时依照情况进行调整。纯饮浓缩咖啡时，前段呈现出温和的酸质，黏稠感佳，带有些许核果风味。

1 3
2 4

香气突出、口感轻柔，余韵带有甜感

　　综合配方里包括巴西日晒波旁、哥斯达黎加和莉可合作社日晒耶加雪啡咖啡豆，分开烘焙后再混合。烘焙程度最深的是巴西日晒波旁咖啡豆，接近二爆；其余的咖啡豆大约在一爆密集就下豆。谈到为什么要分开烘焙，范暄说："我喜欢先试单一豆子的味道，再去抓比例。"综合配方豆会按照季节变化来做调整。她

希望在夏天喝到的拿铁咖啡是轻柔上扬的口感，冬天则是比较深的厚实感。

"香气突出、口感轻柔，余韵带有甜感。"这些是范暄在烘焙咖啡时所想表达的方向，而为了做到这些，她会提高烘焙鼓的转速，在最后的焦糖化阶段再加大火力。下豆后，会在冷却盘上稍微喷水，使之冷却，再打开抽风机散热。或许是受限于烘豆机的摆放位置，范暄认为在晚上进行烘焙会比在中午的时候好。

在采购咖啡生豆方面，着重于根据产区特色来挑选。因为她偏好风味层次比较多的日晒豆，比如柯契尔产区耶加雪啡这种风格明显的品种。

经验谈：烘豆机不适合摆在室外

购入多年的 Mini 500 直火式烘豆机，排气风门是尚未改装过的旧款，最大和最小的排风量相差不多。由于机器摆放在室外，容易受到天气变化的影响，这也是她想改善烘焙环境的主要原因。

5 店长收集了不少款式的拉
　花钢杯。
6 手冲咖啡吧台配置两台富
　士鬼齿磨豆机，其中一台
　专门负责研磨耶加雪啡。
7 冰拿铁咖啡使用极薄的玻
　璃杯盛装，层次黑白分明。

5
6　7

| 咖 | 啡 | 大 | 叔 | 品 | 味 | 时 | 间 |

埃塞俄比亚耶加雪啡
(Ethiopia Yirgacheffe)

带有饱满的热果甜感及明显的酒
香，质感干净。

	0	1	2	3	4	5
苦味				▼		
酸味					▼	
甜味					▼	
香气				▼		
回甘				▼		

咖啡专业名词解释

A

[Acaia] 新一代电子秤，可搭配智能手机或平板装置，记录重量变化，在制作手冲咖啡时使用。

[Agtron] 近红外线焦糖化光谱分析仪，以数值来协助烘豆师判断烘焙程度。数值范围为 1～100。数字越小，烘焙程度越深，反之越浅。

[AST] Authorised SCAE Trainer 的缩写，即欧洲精品咖啡协会授权教练员，具备在全球培训和颁发执照的资格。

B

[BGA] Barista Guild of America 的缩写，即美国咖啡师协会，为美国精品咖啡协会下属机构。

[BOP] Best of Panama 的缩写，"最佳巴拿马"是从 1997 年开始的精品咖啡年度活动，通过评分和国际竞标来提升产业价值。

C

[Chemex] 被美国纽约现代艺术博物馆

收藏的咖啡壶，玻璃壶身、木质握把，需搭配专用滤纸使用。

[COE] Cup of Excellence 的缩写，"卓越杯"咖啡比赛，是相关组织协助各咖啡生产国举办的年度生豆评鉴活动，并于赛后举行国际竞标。

[Coffee Review] 由 Kenneth Davids 在美国创立的咖啡评鉴机构，提供烘焙豆评鉴的服务，并酌情收取固定费用。

[CQI] Coffee Quality Institute 的缩写，即咖啡品质学会。

[Crema] 浓缩咖啡的最上层，因高压萃取出的油脂，通常是褐色或赭红色。

[Cupping] 直译为杯测，是评鉴咖啡风味、品质的方法，用最简单的方式萃取咖啡。

D

[Diedrich] 美国 Stephen Diedrich 先生所创办的专业咖啡烘豆机品牌，以远红外线作为热源是此系列机器的特点。

[Ditting] 创建于 1928 年的瑞士磨豆机品牌，常见的造型多以长方形为主。

F

[Fuji Royal] 富士皇家，日本富士珈机株式会社的形象品牌，产品包括烘豆机和磨豆机。

G

[Geisha] 源自于埃塞俄比亚瑰夏山区域的咖啡品种，或称 Gesha，辗转传播至肯尼亚、坦桑尼亚、哥斯达黎加、巴拿马等地种植。

[Gene 3D] 韩国制微型滚筒式烘豆机，每次最大烘豆量为 300 克。

H

[Hachira] 音译为"哈契拉"，是 Ninety Plus Coffee 公司旗下的产品之一。来自埃塞俄比亚的咖啡生豆，种植海拔为 1750 ～ 2000 米，采取日晒处理。该公司分级为 L12。

[Hario] 以玻璃制品闻名的日本咖啡器材厂商，创立于 1921 年，旗下产品以虹吸壶最为经典，其他还有咖啡滤杯、手冲壶、法式滤压壶等。

[HG one] 通过网络销售的高阶手摇磨豆机，设计者为 Craig Lyn 和 Paul Nahhas。

I

[IR] 红外线，通常会出现在烘豆机上，或是标示手冲壶可对应使用的加热热源。

K

[Kalita] 创立于 1959 年的咖啡器材厂商，产品包括滤杯、磨豆机、手冲壶、咖啡机，是日本咖啡器具的领导者之一。

[Kochere] 科契尔，埃塞俄比亚耶加雪啡辖下的小产区，种植海拔为 1800 ～ 2200 米。

[Kono] 隶属于 1921 年创立的日本珈琲河野株式会社的品牌，以锥形滤杯最为经典，还有虹吸壶、磨豆机、手冲壶、烘豆机等产品。

L

[La Marzocco] 创立于 1927 年的意大利经典咖啡机品牌，以狮子为标志，常见的机种包括 Linea、GS3、GB5、FB70 和 FB80。

[Loring] 美国烘豆机品牌，以热风式为主，按烘豆量大小分为 15 千克、35 千克和 70 千克级。

[Lycello] 译为"大荔琴"，是 Ninety Plus Coffee 公司旗下的产品之一。来自巴拿马的瑰夏种咖啡生豆，种植海拔为

1250 ～ 1650 米，采取水洗处理。该公司分级为 L21。

M

[Mazzer] 来自意大利的磨豆机品牌，按照刀盘规格分为不同机型，型号包括 Luigi、Super Jolly、Kony、Major 和 Rubor。

[Mahlkonig] 德国磨豆机品牌，最著名的型号是世界咖啡大师比赛指定选用的 K30ES 全自动定量磨豆机。

N

[Ninety Plus Coffee] 美国的生豆贸易公司，以小批次的精品埃塞俄比亚咖啡豆闻名，近年来在巴拿马经营以瑰夏种为主的咖啡庄园。

P

[Perci Red] 音译为"红波西"，是 Ninety Plus Coffee 公司旗下的产品之一。来自巴拿马的瑰夏种咖啡生豆，种植海拔为 1250 ～ 1650 米，采取日晒处理。该公司分级为 L95。

[Probat] 创立于 1868 年的德国烘豆机品牌，以半热风式为主。设计给咖啡店铺使用的型号分别有 L1、L5、L12 和 L25，数字代表每次的最大烘焙量，另外还有大型工厂级的 G60 和 G120。

Q

[Q-Grader] 由美国咖啡品质协会所认证的咖啡品质鉴定师（Q-Grader Certificate）测试，需通过笔试、杯测、咖啡生豆评鉴、味嗅觉感官测试等项目。

R

[Ristretto] 制作萃取浓缩咖啡时，使用双倍粉量，但却只萃取出正常量的大约一半，目的是为了品尝前段的风味。

[Roasting Drum] 烘焙鼓，或称作锅炉，为烘豆机的主要部件，也就是让生豆在里面翻滚搅动的桶身，外形似鼓。

S

[SCAA] Specialty Coffee Association of America 的缩写，即美国精品咖啡协会。

[SCAE] Specialty Coffee Association of Europe 的缩写，即欧洲精品咖啡协会。

[SCRBC] South Central Regional Barista Competition 的缩写，为美国精品咖啡协会举办的分区比赛，赛区包括德克萨

斯州、阿肯色州、路易斯安那州和俄克拉何马州，优胜者可获得美国咖啡师锦标赛（USBC）的参赛权。

[SHG] Strictly High Grown 的缩写，咖啡生豆分级标准之一，指种植在海拔 1200 米以上的咖啡生豆。

[S.O.] Single Origin 的缩写，有时意指使用单一产区的咖啡豆来制作浓缩咖啡。

[Sweet Maria's] 位于美国加利福尼亚州的咖啡业者，业务以通过网络销售咖啡生豆及相关冲煮、烘焙器具为主，购买者遍及全球。

[Synesso] 来自美国的意式咖啡机品牌，以多锅炉与 PID 温控系统为特色。

[Syphon] 音译为赛风，另被称作虹吸式咖啡。

T

[TBC] Taiwan Barista Championship 的缩写，即台湾咖啡大师比赛，是以意式咖啡为主的比赛。2004 年举办首届，之后每年都举办一次，冠军可获得参加世界咖啡大师比赛的资格。

[Tchembe] 音译为"倩碧"，是 Ninety Plus Coffee 公司旗下的产品之一。来自埃塞俄比亚的咖啡生豆，种植海拔为 1750 ～ 2000 米，采取日晒处理。该公司分级为 L7。

[TLAC] 台湾咖啡拉花大赛（Taiwan Latte Art Championship）。初赛以拉花拿铁与创作拿铁为比赛项目，决赛则增加玛奇朵浓缩咖啡，冠军可获得参加世界大赛的名额。

W

[WBC] World Barista Championship 的缩写，即世界咖啡大师比赛，是以意式咖啡为主的比赛。2000 年举办首届，之后每年举办一次。

[WCE] World Coffee Events 的缩写，是包括意式咖啡、杯测、冲煮、烘焙、咖啡拉花等多项国际级赛事的活动总称。

Y

[Yukiwa M5] 不锈钢制广口手冲壶，是日本咖啡大师田口护先生所参与设计的款式。

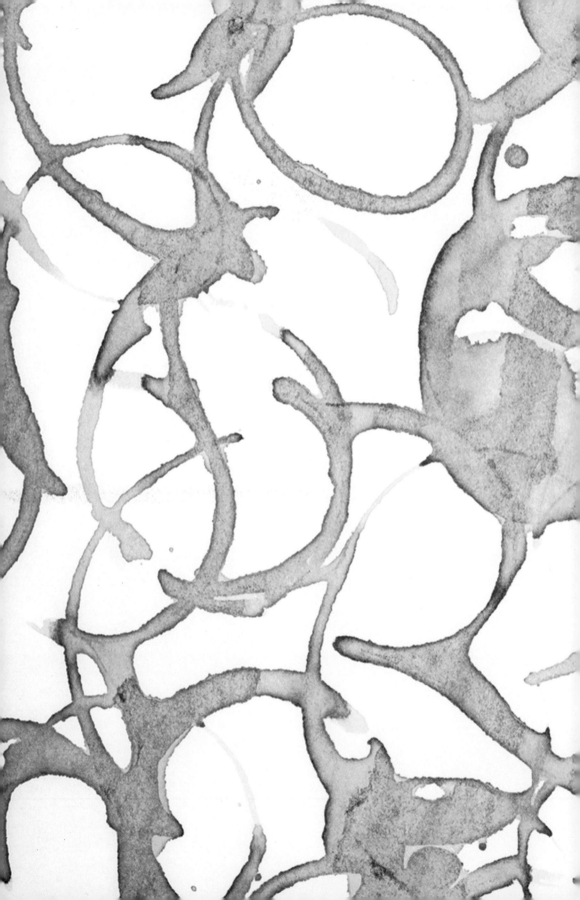